Einfach Bauen:
Holzfenster

Einfach Bauen: Holzfenster

Judith Resch

Birkhäuser
Basel

Inhalt

Einleitung

Wenn man darüber spricht, etwas einfach zu bauen, kann zweierlei gemeint sein. Zum einen das Bauen mit einfachen Mitteln und Methoden, zum anderen der spontan ange-packte Akt etwas zu bauen, ohne dabei viel zu hinterfragen. Mich fasziniert beides: ein-fach zu bauen und es einfach anzupacken. Als Schreinerin und Architektin haben mich meine Erfahrungen dazu angetrieben, nach interessanten Fensterprojekten zu suchen und dabei der Frage nachzugehen, welchen Gestaltungsspielraum es heute im Fenster-bau noch gibt. In diesem Buch stelle ich unterschiedliche realisierte Fensterprojekte vor, die alle eines gemein haben: Sie verfolgen eine gestalterische Idee, die mit einer indivi-duellen Konstruktion unter Verwendung möglichst einfacher Mittel umgesetzt wurde. Diese Projekte waren Gegenstand meines Seminars *Fenster gestalten*, das ich am Lehr-stuhl für Entwerfen und Konstruieren von Florian Nagler an der Technischen Universität München geleitet habe. Im Seminar haben wir Fensterkonstruktionen ausführlich unter-sucht und diskutiert. Jedes der zum Teil experimentellen Projekte liefert einen eigenen Beitrag zum Thema Einfach Bauen. Ob diese Beispiele allen geltenden Vorschriften ent-sprechen, war nicht Teil unserer Untersuchungen, jedoch funktionieren die Fenster für ihre Nutzenden. Die ebenfalls im Buch dargestellten Fenster der drei Forschungshäuser in Bad Aibling von Florian Nagler sind als einzige das Ergebnis des Forschungsprojekts *Einfach Bauen*.

Das Vereinfachen scheint bei vielen Bauteilen leichter zu gelingen als bei Fenstern, die aufgrund ihrer besonderen Funktion hohe Anforderungen erfüllen müssen. Sie sind heute hochleistungsfähige, hochentwickelte Bauteile, die laufend verbessert werden. Dreifach-verglasungen liefern inzwischen Wärmedurchlassrekordwerte, Fensterflügel sind durch modernste Beschlagtechnik gut zu öffnen und zu schließen, obwohl sie im Lauf der Jahre schwerer und dickwandiger geworden sind. Hintereinanderliegende Dichtungsebenen schützen zuverlässig vor eindringendem Wasser, auch wenn der Regen gegen das Fenster peitscht. Die Fenster sind an die Wandöffnung dicht angeschlossen, häufig überprüft mit einem Blower-Door-Test. Die technischen Errungenschaften ermöglichen beeindruckende Raumerlebnisse. Innen- und Außenräume können durch großflächige Verglasungen visu-ell miteinander verschmelzen, ohne dass es selbst bei Minusgraden unbehaglich werden muss. Aufgrund dieser hohen Leistungsfähigkeit von Fenstern sind zeitgemäße Gebäude heute sehr komfortabel und auch teuer.

Mit dem Fortschritt des Fensterbaus entwickelte sich eine Fülle von Vorschriften, die die Kriterien für Anforderungen an Fenster und ihre Komponenten definieren. In einer Vorlage für ein Holzfenster-Leistungsverzeichnis fand ich den Verweis auf sechs Leitnormen, über vierzig weitere Normen und rund zwanzig zusätzliche Vorschriften, Empfehlungen, Richt-linien und Merkblätter. In meiner Planungspraxis fand ich bisher nicht die Zeit, diese Viel-zahl an Vorschriften für das Erstellen einer Fensterausschreibung durchzuarbeiten, um dann eine gute Orientierung für konkrete Planungsempfehlungen zu bekommen. Klar ist jedoch, dass mit der Einführung der CE-Kennzeichnung von Fenstern zur Gewährleistung eines europaweit gleichen Standards genaue Kriterien definiert wurden, nach denen Fenster beurteilt werden. Es müssen Mindestwerte erfüllt werden, die wiederum nur über Labortests nachgewiesen werden können. Das betrifft die Luftdurchlässigkeit, die Schlag-regendichtigkeit, den Widerstand gegen Windbelastung, den Wärmedurchgangskoef-fizient, den Schallschutz und die Stoßfestigkeit. Diese Labortests sind jedoch kostspielig und deshalb für kleinere Tischlereien nicht leistbar. Um die Anforderungen an ein Fenster trotzdem nachgewiesen erfüllen zu können, kann auf geprüfte Regelprofilgeometrien und Anschlussdetails zurückgegriffen werden, wobei es nur wenig Änderungsspielraum gibt.

Wer heute Fenster baut, braucht also viel Detailwissen und umfangreiche Kenntnisse der Vorschriften. Der Fensterbau ist längst nicht mehr eine selbstverständliche Disziplin einer Bautischlerei. Nach meiner Erfahrung beschränkt sich der Beitrag von Handwerksbetrieben häufig auf die Montage von Fenstern aus industrieller Produktion. Wir Planende wählen meist lediglich aus Systemen aus, das heißt, wir orientieren uns an den Produktpaletten von großen Herstellern. Individuelle Fensterkonstruktionen sind unüblich, teuer und aufwendig.

Die in diesem Buch dargestellten Projekte zeigen anschaulich verschiedene Lösungsansätze. Dass es sich bei den Beispielen ausschließlich um Holzfenster handelt, hat in erster Linie damit zu tun, dass das Material Holz für das individuelle Gestalten von Fenstern viele Vorteile bietet, aber auch ganz allgemein für den Fensterbau hervorragend geeignet ist. Holz lässt sich handwerklich gut verarbeiten und auch langfristig gut ertüchtigen, denn schadhafte Stellen können ausgetauscht werden. Die physikalischen Eigenschaften, wie die Dämmwirkung, die statische Leistungsfähigkeit, die temperaturbedingte Dimensionsänderung oder auch die elektrostatische Aufladung, sind günstiger als bei anderen Materialien. Im Brandfall ist Holz wesentlich belastbarer als beispielsweise Kunststoff, denn es brennt langsamer, emittiert keine hochgiftigen Dioxine und schmilzt nicht. Holz ist auch kein Sondermüll und die vielen historischen Beispiele zeigen, wie langlebig Holzfensterkonstruktionen sein können.

Die hier dargestellte Auswahl von Holzfenstern erhebt nicht den Anspruch, vollständig normgerechte Lösungen vorzustellen, sondern möchte unterschiedliche kreative Wege für den Fensterbau aufzeigen. Diese können aufgegriffen, weiterentwickelt und verbessert werden, vor allem wenn es darum geht, das Bauen wieder einfacher zu gestalten.

Judith Resch

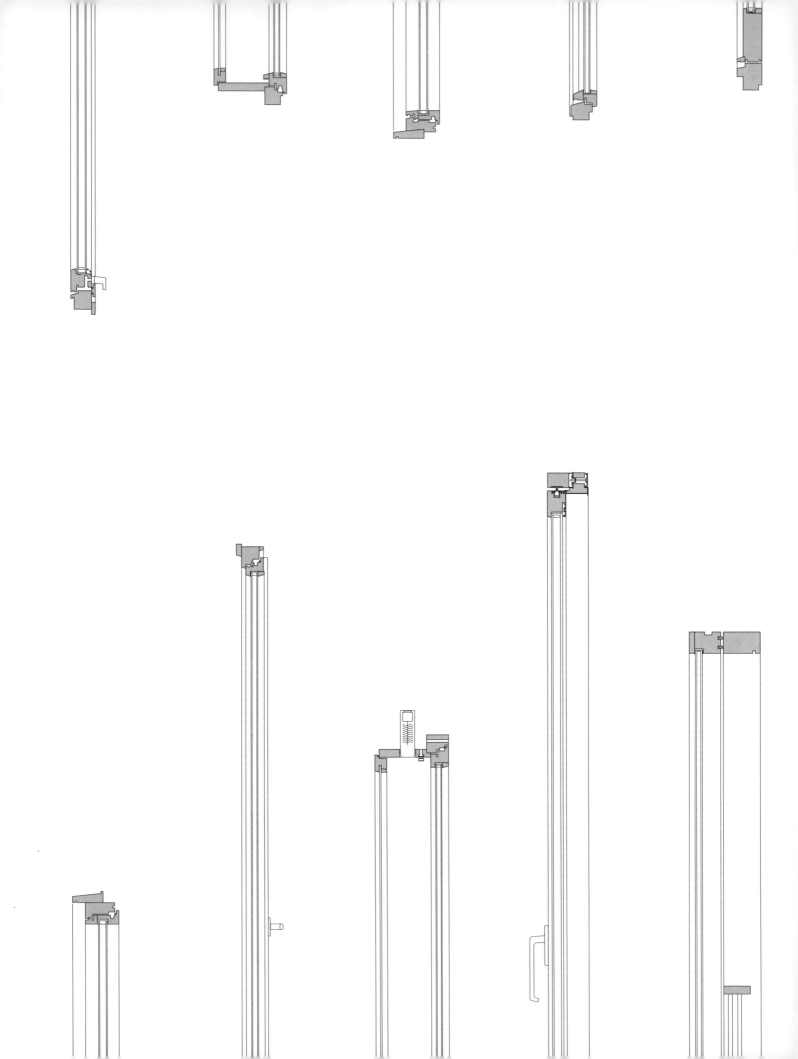

Zehn Fensterprojekte

Die zehn dargestellten Projekte sind in engagierter Zusammenarbeit zwischen Handwerksbetrieben und Planungsbüros entstanden. Das Entwickeln der Konstruktionen forderte Erfindergeist und Ausdauer, die Ergebnisse zeigen, dass es sich gelohnt hat.

Auch die hier aufgeführten Detailzeichnungen und Beschreibungen sind im intensiven Austausch mit den Akteurinnen und Akteuren nach bestem Wissen und Gewissen erstellt worden. Für Fehler kann keine Haftung übernommen werden.

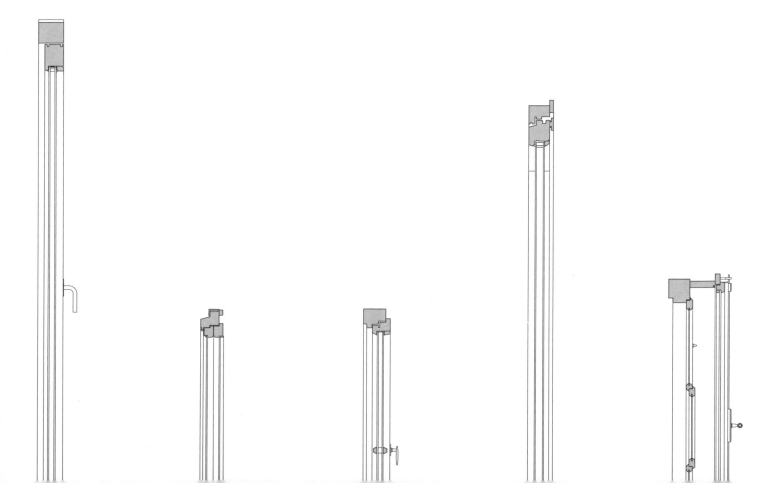

Planung: Florian Nagler Architekten GmbH
Fensterbau der Schwingflügel im Betonhaus: Schreinerwerkstätten Hubert Mayr-Schütz
Fertigstellung: 2020

P1 Drei Forschungshäuser

Sturz, Laibung und Fenster

11   1–3

An den Fenstern der drei Forschungshäuser wird deutlich, wie konsequent hier *Einfach Bauen* umgesetzt wurde. Sturz, Laibung und Fenster folgen der materialspezifischen Konstruktionsweise und die durchdachte Positionierung der Fenster erfüllt sogar einen äusreichenden Sonnenschutz.

Auf den ersten Blick wirken die drei Fensterfiguren wie eine Spielerei mit geometrischen Grundformen. Tatsächlich ist ihre Form eine Antwort auf die jeweilige Konstruktionsweise. Bei den drei Häusern aus Beton, Holz und Mauerwerk ist der Sturz der monolithischen Wände handwerklich aus einem Material konstruiert. Dadurch entsteht eine jeweils typische Fensterfigur.

Einfach Bauen ist ein Forschungsprojekt von Florian Nagler an der Technischen Universität München. *Einfach Bauen* verfolgt das Ziel, robuste Gebäude aus möglichst einfachen Bauteilschichten zu schaffen, die einen auf das Wesentliche reduzierten Wohnkomfort bieten. Die technische Ausstattung so angelegter Gebäude ist in der Wartung und Nutzung un-

Die drei Forschungshäuser in Bad Aibling aus Ultraleichtbeton, Holz und Mauerwerk

Drei Forschungshäuser

kompliziert und verbraucht über die Jahreszeiten hinweg wenig Energie. Um das zu erreichen, spielen die Geometrie der Gebäude und die Ausbildung ihrer Fassaden eine tragende Rolle. Bei den drei Forschungsgebäuden wurde die Gestaltung der Fensterfassaden basierend auf den Forschungsergebnissen entwickelt. Das betrifft Größe, Art und Form der Fensteröffnung, die Lösung des Sonnenschutzes, den Fensteranschluss und das Lüftungskonzept.

Die Größe der Fensteröffnung

Um die Öffnungen in der Fassade ausreichend groß zu dimensionieren, untersuchte man die Zusammenhänge von Lichteintrag und Energiebilanz in Abhängigkeit von der Wahl der Verglasung. Entscheidend sind bei dieser Betrachtung nicht nur die Wärmeverluste über die Glasflächen, sondern auch die solaren Wärmeeinträge. Eine zweifache Isolierverglasung ist im Verhältnis zu einer dreifachen Isolierverglasung lichtdurchlässiger, hat aber die wesentlich schlechtere Energiebilanz. Beide Verglasungen benötigen einen ausreichenden Sonnenschutz. Sonnenschutzverglasungen hingegen schützen zwar vor solarer Erwärmung, lassen aber auch wesentlich weniger Licht pro Fläche hinein. Sie müssen dann umso größer dimensioniert werden und verlieren über die größere Fläche insgesamt wieder zu viel Energie. Um ein sinnvolles Verhältnis von Fensteröffnung und Wand zu erhalten, ist eine Dreifachisolierverglasung ohne Sonnenschutzbeschichtung optimal (siehe Abb. 5). In den Fassaden der Forschungshäuser wurde diese Erkenntnis in eine gestalterisch ausgewogene Architektur übertragen. Großzügige Fensterflügel ohne Teilung sitzen in regelmäßigem Rhythmus an den Längsfassaden. Sie sorgen für eine ausreichende Belichtung der hohen Räume und ermöglichen einen ungestörten Ausblick. [1]

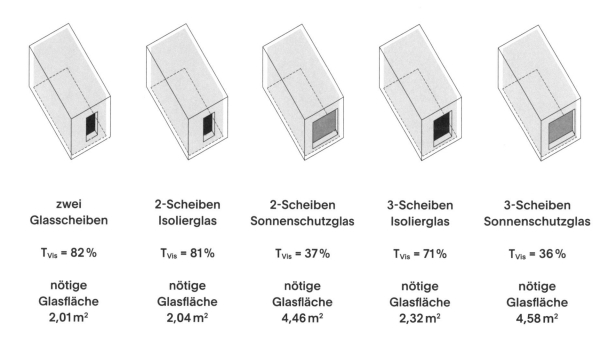

zwei Glasscheiben	2-Scheiben Isolierglas	2-Scheiben Sonnenschutzglas	3-Scheiben Isolierglas	3-Scheiben Sonnenschutzglas
$T_{Vis} = 82\%$	$T_{Vis} = 81\%$	$T_{Vis} = 37\%$	$T_{Vis} = 71\%$	$T_{Vis} = 36\%$
nötige Glasfläche $2{,}01\,m^2$	nötige Glasfläche $2{,}04\,m^2$	nötige Glasfläche $4{,}46\,m^2$	nötige Glasfläche $2{,}32\,m^2$	nötige Glasfläche $4{,}58\,m^2$

Lichttransmissionsgrad T_{Vis} beschreibt die Lichtdurchlässigkeit des Glases

13   5

Graphische Darstellung der Untersuchung des optimalen Verhältnisses Fensteröffnungsgröße zu Raumgröße, Forschungsprojekt *Einfach Bauen*
Faustformel: Glasfläche der Fenster = 10–15% der zu belichtenden Raumfläche, auf Sonnenschutzglas verzichten [1]

P1   14   6
                        Fenster mit Schwingmechanismus

Drei Forschungshäuser

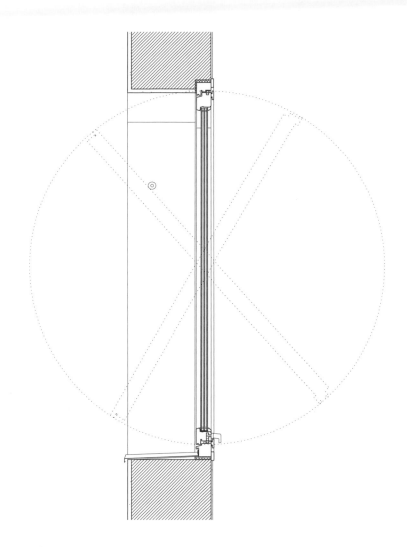

Art der Fensteröffnung

Die großzügigen Fenster mit ihrer durchgehenden Glasfläche würden mit einem Standard-Dreh-Kippbeschlag weit in den Raum hineinragen. Die Belastung der Beschläge wäre aufgrund des Gewichts der großformatigen Fensterflügel hoch. Anstatt eines Dreh-Kipp-Beschlags wählte man deshalb einen Schwingmechanismus, über den die Flügel horizontal geschwenkt werden können (siehe Abb. 7). Dieses Prinzip erprobte man bei einem Prototyp auch in vertikaler Drehrichtung. Da sich am Drehpunkt des Fensters auch die Falzgeometrie und die Dichtung wenden, ist dieser Bereich bei Schlagregen eine Schwachstelle, die einem Belastungstest nicht standhielt. Der horizontale Drehpunkt ist aufgrund der Position weniger anfällig für Schlagregen und bietet darüber hinaus noch weitere Vorteile: In den Sommermonaten ist die horizontale Schwenkung des Fensters ideal, denn in Kippstellung kann über Nacht die warme Luft oben entweichen, während unten kühle Luft nachströmt. [2]

15   7

Vertikalschnitt durch ein horizontal drehbares Schwingfenster M 1:20

Form der Fensteröffnung und Sonnenschutz

Sturz und Sonnenschutz stehen in engem Zusammenhang. Standardlösungen bieten vorgefertigte Komponenten für den Sonnenschutz an, die in den Sturzbereich integriert werden können. Die Anschlüsse sind aufwendig, die Komponenten und die Wartung kostenintensiv. Bei den Forschungshäusern hingegen wurde eine monolithische, handwerkliche und materialgerechte Konstruktion der Stürze umgesetzt. Der Sonnenschutz wurde durch die geschickte Positionierung der Fenster auf der Innenseite der Laibung gelöst. Durch das ausgewogene Verhältnis von Fensterfläche zu Wandfläche ist die durch die tiefe Laibung entstehende Verschattung für den Sonnenschutz ausreichend. [3]

Der hier im Schnitt dargestellte Ziegelsturz wird mit einem gemauerten Segmentbogen ausgeführt. Wand und Sturz sind aus dem gleichen Stein gemauert, sodass auf zusätzliche dämmende Maßnahmen verzichtet werden konnte. Der Sturz des Holzhauses ist aufgrund der Tragwirkung der Holzfasern gerade ausgebildet. Die Öffnungen in den Infraleichtbetonwänden sind mit Rundbögen ausgeführt und durch die materialgerechte Statik konnte sogar auf Stahl verzichtet werden (siehe Abb. 1–3). Die Fenstergeometrien des Mauerwerks- und des Betonhauses sind durch die Rundungen aufwendiger zu fertigen als gerade Fenster. Gleichzeitig fällt der Sonnenschutz als Zusatzkomponente weg.

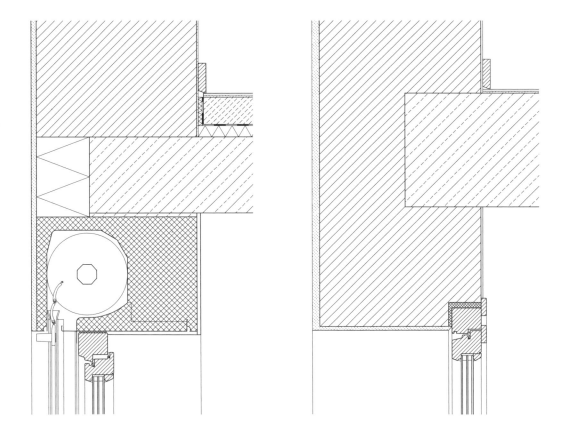

P1   16   8
Vergleich Standard-Wandaufbau mit monolithischer Bauweise der
Forschungshäuser aus Ziegel

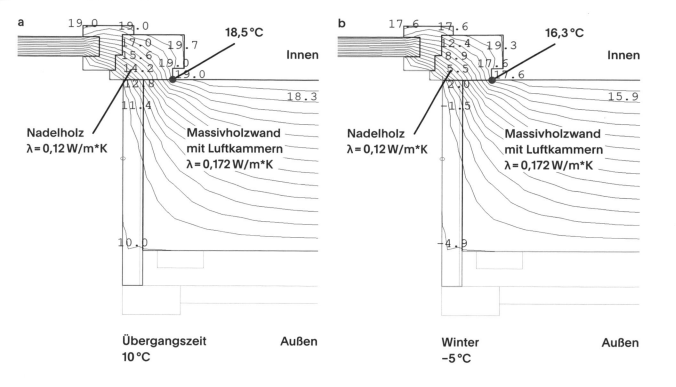

a

19.0 19.0 19.0
17.0 19.7
15.6 19.0
14.2 19.0
12.8
11.4

18,5 °C

Innen

18.3

Nadelholz
λ = 0,12 W/m*K

Massivholzwand
mit Luftkammern
λ = 0,172 W/m*K

10.0

Übergangszeit
10 °C

Außen

b

17.6 17.6
12.4 19.3
8.9 17.6
5.5 17.6
2.0
–1.5

16,3 °C

Innen

15.9

Nadelholz
λ = 0,12 W/m*K

Massivholzwand
mit Luftkammern
λ = 0,172 W/m*K

–4.9

Winter
–5 °C

Außen

Die für die Verschattung optimale Position der Fenster an der Innenseite der Laibung wurde hinsichtlich des Isothermenverlaufs überprüft. Hierbei wird der ermittelte Temperaturverlauf von der Wand übergehend in das Fenster grafisch dargestellt. Die durchgängigen Temperaturlinien sind bei der Holzwand selbst im Winter bei etwa 16 °C (siehe Abb. 9a). Damit besteht keine Gefahr von Tauwasserbildung im Bereich des Fensteranschlusses. Die Untersuchung ergab für alle drei Forschungshäuser mit dem Wandaufbau aus Mauerwerk, aus Holz und aus Leichtbeton ausreichend gute Bewertungen für die Einbauposition der Fenster an der Wandinnenseite.

Inzwischen wurden in der Nachbarschaft der Forschungshäuser weitere Gebäude in Holzmassivbauweise nach den Prinzipien von *Einfach Bauen* errichtet. Um den Holzeinsatz zu reduzieren, wurde eine dünnere Holzmassivwand verwendet, die dann mit einer Holzfaserdämmung versehen wurde. Der Grundsatz, das Fenster müsse immer in der Dämmebene sitzen, wurde dabei hinterfragt und untersucht, denn man wollte ja weiterhin das Fenster innenseitig anbringen, um eine möglichst tiefe Außenlaibung für die Verschattung zu bekommen. [4] Die Untersuchung zeigte, dass die Fenster auch bei dem abgewandelten Wandaufbau aus 144 mm dickem Massivholz mit einem Dämmpaket von 160 mm auf der Wandinnenseite angebracht werden können. Möglich ist das, weil Nadelholz mit einem λ-Wert von 0,12 W/(mK) insgesamt schon eine verhältnismäßig gute Dämmwirkung hat.

17 9

Grafische Darstellung des Isothermenverlaufs

P1   18   10

Das Dichtungsband verläuft bei den Rundbogenfenstern sichtbar in einer
umlaufenden Schattenfuge.

Drei Forschungshäuser

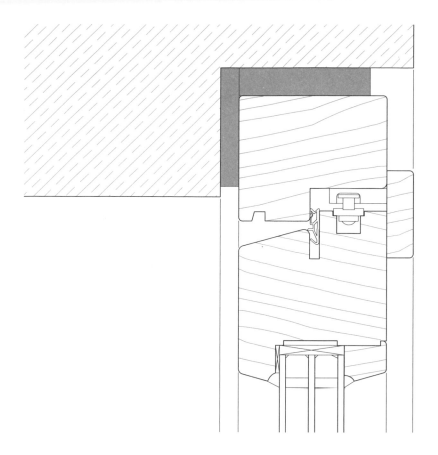

Der Fensteranschluss

Das Rundbogenfenster sitzt innenbündig in der Infraleichtbetonwand in einem umlaufenden Falz. Die Anschlussfugen wurden mit einem sogenannten Kompriband – das ist ein
vorkomprimiertes Dichtungsband – ausgefüllt. Das in Rollen komprimierte Band wird zur
Fenstermontage entrollt und an der Außenseite des Fensterblendrahmens aufgebracht,
der dann rasch in der Mauerlaibung montiert werden muss, weil sich das Band bald wieder auf seine unkomprimierte Größe ausdehnt und damit die Fugen abdichtet. Eine mit
Kompriband abgedichtete Fuge ist elastisch, wärmedämmend und dicht, jedoch unter-
scheidet sich das Leistungsprofil je nach Beanspruchungsgruppe und Produkt. Vorkom-
primierte Dichtungsbänder sind handwerklich einfach zu verarbeiten und kommen deshalb heute bei der Fenstermontage häufig zum Einsatz. In der Regel werden die Anschlussfugen eingeputzt, mit Trockenbauplatten oder Leisten verdeckt. Im Forschungshaus aus
Ultraleichtbeton wurde mit präzisen Schalungen gearbeitet, um eine besonders gute
Qualität der Oberfläche und der Kanten zu erhalten. Gerade die Öffnungen wurden mit
für den Rohbau hoher Präzision gefertigt. Die Anschlussfuge zwischen der Wand und den
Fenstern bzw. Türen bleibt deshalb sichtbar und man kann das umlaufende Kompriband
hier sehen. Eine Abdeckung mit einer Holzleiste wäre möglich, jedoch gerade im Bereich
der Rundbögen handwerklich sehr aufwendig. Da die sichtbaren Fugen gleichmäßig
sind, wirken sie gestalterisch stimmig. Konzeptionell passend ist außerdem, dass die
Fenster lediglich durch Lösen der Verschraubungen leicht demontiert werden können,
schadhafte Dichtbänder ließen sich einfach austauschen.

19   11
        Oberer Abschluss des Fensteranschlusses M 1:2

P1   20   12

Im oberen Bereich des Fensterblendrahmens sind die Falzlüfter eingebaut.

Drei Forschungshäuser

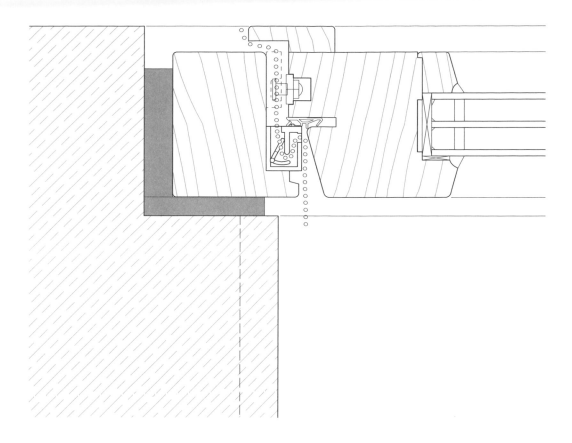

Das Lüftungskonzept

Technisch einfach und unkompliziert zu benutzen sollte auch das Lüftungskonzept für die Forschungshäuser sein. Feuchtigkeit, die durch das Bewohnen der Räume entsteht, muss durch einen ausreichenden Luftwechsel von innen nach außen abgeleitet werden. Um das zu gewährleisten, braucht es ein Konzept, da Gebäudehüllen und Fenster heute vorschriftsmäßig hohe Anforderungen an die Luftdichtigkeit erfüllen müssen. Anstelle von bautechnisch aufwendigen Lüftungskanälen kann man auch in den Falz der Fensterrahmen ein Lüftungselement einbauen. Dadurch kann Luft in das Gebäude einströmen und die Menge durch eine weitere gebäudetechnische Komponente einfach reguliert werden. In die Nasszellen wurden Abluftventilatoren eingebaut, die durch einen Feuchtesensor automatisch gesteuert werden. Die so abgeführte Luft kann über die Öffnungen in den Fensterfalzen nachströmen. Die Nutzerinnen und Nutzer müssen sich also kein konsequentes Lüftungsverhalten angewöhnen, wie es häufig in Mietverträgen gefordert wird. Diese im Vergleich zu zentralen Lüftungsanlagen einfache Lösung lässt noch den Wunsch nach einer gestalterisch passenden Komponente für die Falzlüftung offen. [5]

Von der optischen Beeinträchtigung abgesehen, bleibt die Funktionsfähigkeit der Fenster durch den Einbau der Fensterfalzlüfter uneingeschränkt. Sie sind weiterhin dicht gegen Schlagregen und schützen in gutem Umfang vor Schall und Einbruch. Das Innenleben der Lüfter enthält kleine Klappen, die auf den Winddruck am Gebäude reagieren. Sie schließen bei steigendem Wind und öffnen automatisch wieder. Durch diese Funktion werden Zugerscheinungen vermieden. [6]

21   13
Horizontalschnitt durch die Fensterfalzlüftung M 1:2

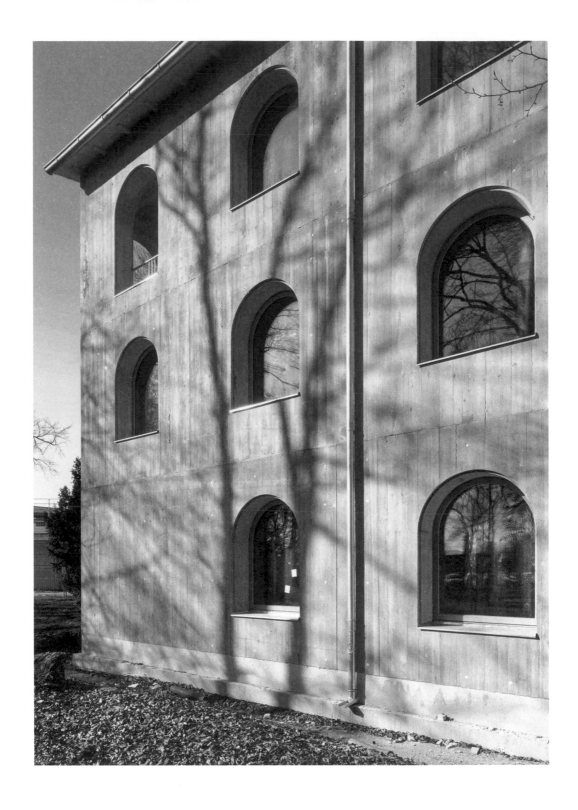

P1   22   14
Fassade des Hauses aus Infraleichtbeton

Drei Forschungshäuser

An den Fassaden der Forschungshäuser wird anschaulich, welche zentrale Rolle das Fenster in der Architektur spielt und welche Chancen darin liegen, sich mit der Konstruktionsweise der Gebäudeöffnungen zu befassen. Der Anspruch, die gängigen Lösungen der Fensteröffnungen zu hinterfragen und einfacher umzusetzen, hat hier zu einer sinnvollen Detaillösung geführt, die gleichzeitig zu einem markanten architektonischen Erscheinungsbild verholfen hat. Auch hier bot das Material Holz für die Fenster die besten Gestaltungsmöglichkeiten, zumal es aus Gründen der Nachhaltigkeit alternativlos ist.

Planung: Mathias Stelmach
Fensterbau: Joseph Probst, Dachau
Fertigstellung: 2016

P2   Haus Schiela

Handwerklich gebaute Fenster

25   1

Die großformatigen Fenster lassen sich über die Mittelachse drehen.
Die Konstruktion entwickelten Architekt und Schreiner gemeinsam.

Für die Planung des Hauses Schiela nahm sich der Architekt Mathias Stelmach viel Zeit. Er studierte die örtlich tradierten Bauweisen und entwarf mit Bedacht ein Haus, das er schließlich so beschreibt: „Das Dorf hat einen neuen Nachbarn, wohlgesonnen, aber auch eigen. Eine aus den Tiefen der reichen, bäuerlichen Kultur schöpfende Einfirstanlage zum Wohnen und Arbeiten, die über die Wellen des Dachauer Tertiärhügellandes am Dorfrand eingelaufen ist. Eine zeitgenössische Reflexion auf traditionelle Typologie, Gestalt, Materialität und Handwerkskunst im Dachauer Land, um daraus Zeitloses, Selbstverständliches, aber auch Prägnantes zu destillieren."

Was braucht es wirklich? Wie viel kann mit wie wenig erreicht werden? – Diese Fragen beschäftigten den Architekten bei der Planung des Hauses. Allein an der Materialwahl wird diese Auseinandersetzung sichtbar. Im gesamten Haus wurden ausschließlich Ziegel, Beton, Kalkputz, Naturstein und Eichenholz verwendet. Die Fenster sind ein elementarer Bestandteil des Entwurfs. Sie greifen die quadratische Grundproportion des Hausgiebels auf und wirken im Innenraum wie Bilderrahmen für die Landschaft. Um diese Landschaftsbilder nicht zu stören, gibt es keine Unterteilungen oder Sprossen. Es wurden zwei unterschiedliche Fensterkonstruktionstypen in quadratischem Format verwendet: kleine Formate als Dreh-Kipp-Flügel und große Formate als vertikale Wendefenster, die im Erdgeschoss auch den Austritt in den Garten ermöglichen.

P2   26   2

Haus Schiela am Ortsrand, angrenzend an die weite Hügellandschaft

27   3
Wendefenster zum Garten

Die Eichenfenster wurden in einem nahe gelegenen Handwerksbetrieb gefertigt. Der ausführende Schreiner Joseph Probst, langjährig erfahren im Fensterbau, insbesondere für denkmalgeschützte Gebäude, wurde früh in den Planungsprozess einbezogen. Schreiner und Architekt entwickelten zusammen eine auf die Gestaltung abgestimmte Konstruktion nach bewährten handwerklichen Methoden. An der Ausführung der Details kann man dieses Vorgehen erkennen. Ein Beispiel ist der Wetterschenkel aus massiver Eiche. Im Holzfensterbau werden heute meist Regenschutzschienen aus Alu anstelle von Wetterschenkeln aus Holz auf die Fensterrahmen aufgesetzt. Aluschienen sind optisch auffälliger, aber witterungsbeständiger als Holzwetterschenkel. Um dieses wichtige Detail auch aus Holz möglichst langlebig zu machen, bedarf es einer entsprechenden Konstruktion: Bei den Fenstern des Hauses Schiela ist der Wetterschenkel in einen Falz in den Fensterrahmen eingeleimt. Durch den Einstand des Schenkels ist die Leimfuge vor Witterung besser geschützt als bei stumpf aufgeleimten Konstruktionen. Diese sind weniger dauerhaft, weil die Leimfuge direkt bewittert wird. Sollte der Wetterschenkel sich trotzdem lösen und schadhaft sein, kann er ausgetauscht werden. Grundsätzlich ist Eichenholz sehr witterungsfest und dauerhaft. [7] Die Oberflächen sind unbehandelt und dürfen mit der Zeit vergrauen.

P2   28   4
An den stark bewitterten Stellen sind die kleinformatigen Fenster durch die tiefe Laibung gut vor der Witterung geschützt.

Haus Schiela

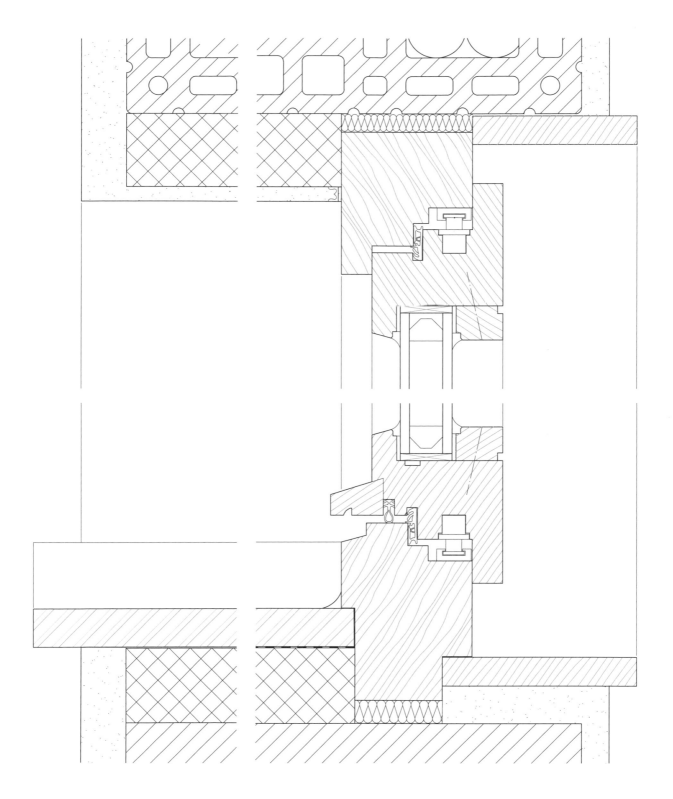

29   5
Dreh-Kipp-Flügel, Vertikalschnitt M 1:2

Die außen liegenden Fensterbretter sind aus frostbeständigem Solnhofer Naturstein und im Mörtelbett mit Gefälle verlegt. Solnhofer Naturstein wird seit Jahrhunderten in Süddeutschland verbaut und kommt beim Haus Schiela auch im Innenraum zum Einsatz. Die Innenlaibungen der Fenster sind mit einem umlaufenden Rahmen aus Eichenholz verkleidet. So entsteht für den Ausblick in die Landschaft ein mehrfach gestufter Rahmen, der gleichzeitig die Anschlussfugen überdeckt.

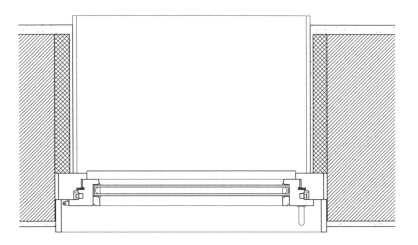

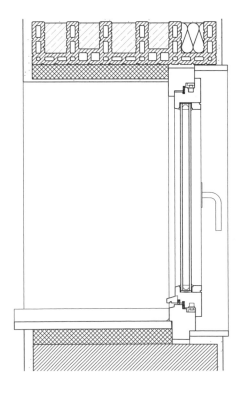

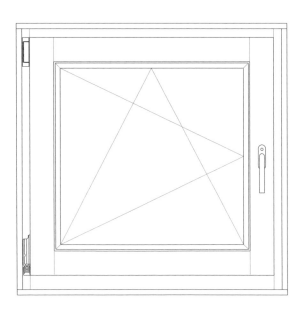

P2   30   6

Dreh-Kipp-Flügel, Dreitafelprojektion M 1:10

Haus Schiela

31 7
Die Fenster sind tief in die Laibung eingebaut und dadurch besser vor Witterung geschützt.

P2   32   8

Die Schönheit der sich im Wechsel der Jahreszeiten wandelnden Landschaft verdient es, wie ein Gemälde gerahmt zu werden.

Haus Schiela

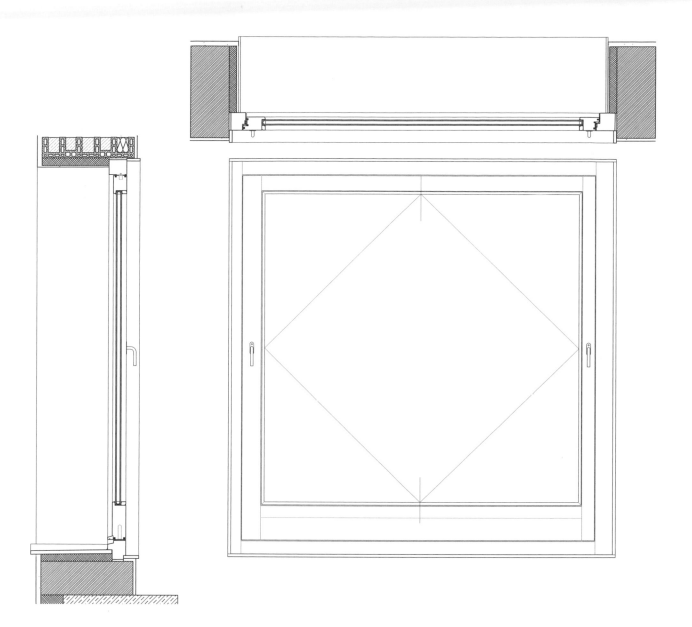

Die Wendefenster sind mittig gelagert, um nicht zu weit in den Innenraum hineinzuragen. Da diese jedoch ein Format von bis zu 2 m auf 2 m haben, konnten dafür keine Standardbeschläge verwendet werden. Auch für die Details gab es keine Musterlösung. Deshalb musste das Fenster von Architekt und Schreiner gemeinsam in einem experimentellen Entwicklungsprozess konzipiert werden. Die Gesamtkonstruktion wurde anhand eines Musterfensters erarbeitet. Die Fenster besitzen oben und unten keine Falzung, da diese ihre Ausrichtung bei einer mittigen Lagerung am Wendepunkt ändern müsste. Dies stellt eine potenzielle Schwachstelle für die Dichtigkeit dar. Somit wurde auf eine horizontale Falz- und Anschlagsdichtung verzichtet. Stattdessen wurden zwei parallele Gummidichtungen eingebaut, die gleichzeitig als Regen- und Windsperre fungieren. Da die Dichtungen jedoch sehr stark beansprucht werden, sind sie immer wieder zu kontrollieren und gegebenenfalls auszuwechseln. Die Schlösser sind jeweils mit drei Zapfen versehen und wurden an beiden Seiten der Fenster angebracht. Dadurch wird ein gleichmäßiger Anpressdruck erreicht.

9
        Wendeflügel, Dreitafelprojektion M 1:20

P2 34 10

Der verwendete Beschlag wurde ursprünglich für Innentüren bis zu einem Gewicht von 350 kg entwickelt. Architekt und Schreiner entschieden sich dafür, dieses System für die Fenstertüren zu nutzen.

Haus Schiela

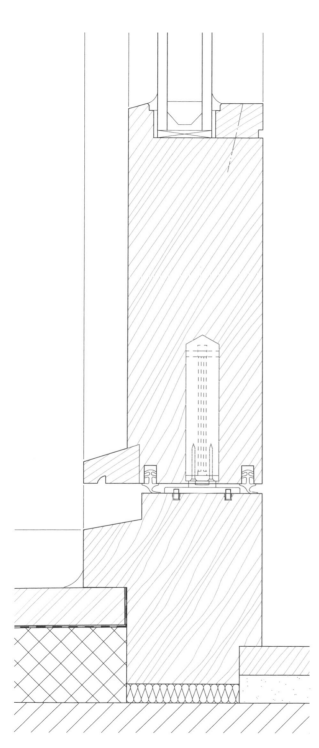

35   11 + 12
Wendeflügel, unterer Anschluss, Vertikalschnitt M 1:2

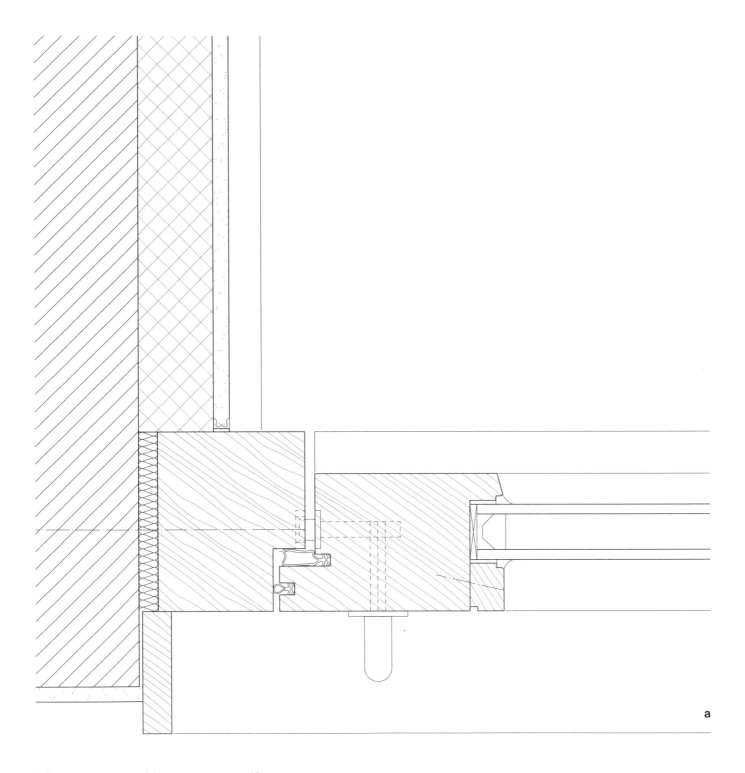

a

P2   36   13
Wendeflügel, Horizontalschnitt M 1:2

Haus Schiela

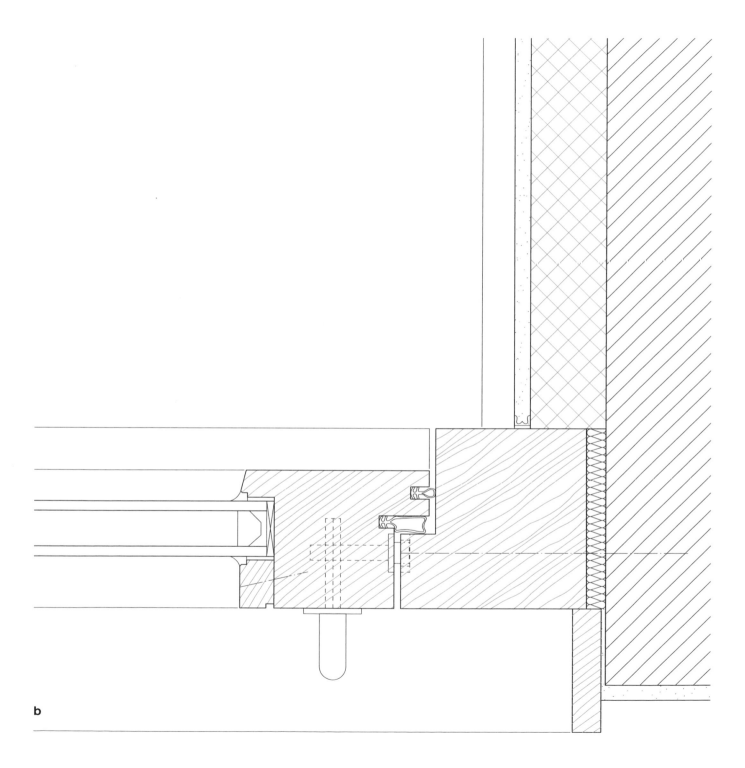

„Was zur Planungszeit des Hauses Schiela noch ein Experiment war, steht heute in jedem gut sortierten, industriellen Haustürenkatalog zur Auswahl. Auch im Luxussegment sind Wendefenster in vollautomatischer High-End-Variante mit druckluftgefüllten Dichtungen bis 5,0 m Höhe verfügbar. Mit Reduktion von Mitteln hat das nicht mehr viel zu tun. Die Bewohner im Haus Schiela freuen sich dagegen eher darüber, dass die Schattenfugen der Fenster offenbar gute Nistmöglichkeiten für Marienkäfer bilden – und die schlüpfen dann auch schon mal an einem sonnigen Wintertag…"
Architekt Mathias Stelmach über das Haus Schiela

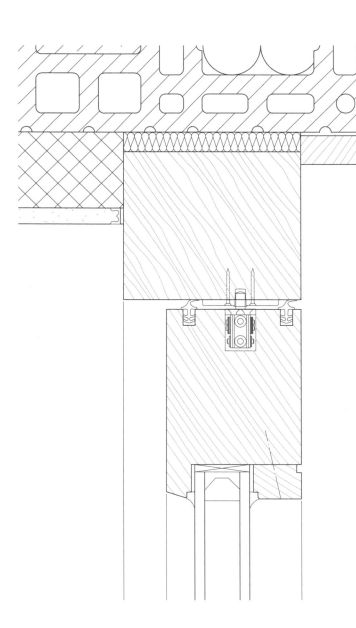

Wendeflügel, oberer Anschluss, Vertikalschnitt M 1:2

Haus Schiela

39   16

„All den heutigen Normen und Regeln entspricht es nicht ganz, dafür aber umso
mehr den über Generationen gesammelten handwerklichen Erfahrungen."
Mathias Stelmach, Architekt

Planung: Büro Kofink Schels, Simon Jüttner
Fensterbau: Simon Jüttner
Fertigstellung: 2020

P3   Haus Jüttner

Fenster vor die Fassade gehängt

41   1
            Die ungewohnt einfache Konstruktion beinhaltet alle wesentlichen
            Elemente eines Fensters ganz selbstverständlich.

Den Umbau der ehemaligen Wählvermittlungsstelle von Bad Hindelang verfolgte der Architekt Simon Jüttner mit einer klaren Haltung: ein hoher gestalterischer Anspruch, umgesetzt mit einfachen Konstruktionen unter sparsamem Einsatz von vorwiegend ökologischem Baumaterial. Da der Architekt bei diesem Projekt die Rolle des Planers, des Ausführenden und des Bauherrn gleichzeitig einnahm, konnte dieser Ansatz konsequent verfolgt werden. Das bestehende eingeschossige Gebäude aus Mauerwerk wurde um ein Stockwerk aus massivem Holz aufgestockt. Die Wände bestehen aus Brettschichten, die mit sichtbaren Dübeln verbunden sind. Aus Kostengründen hat man das verwendete System mit den Standardformaten verbaut, deshalb fiel kein Verschnitt an. Die Fenster verschließen die frei bleibenden Öffnungen zwischen den Wänden. Sie lassen sich zum Öffnen vor die Fassade schieben. Das Schiebefenster hängt an einer Laufschiene vor der Fassade und wird mit Kofferverschlüssen im geschlossenen Zustand an den Rahmen gepresst. In die ungewohnt einfache Konstruktion sind wesentliche Elemente eines Fensters selbstverständlich integriert: Die Absturzsicherung aus Holzsprossen mit einem Brüstungsbrett und eine Laufschiene für Vorhänge sind fest in den Rahmen eingebaut und gestalterisch darauf abgestimmt.

P3   42   2
Die Fenster werden zum Öffnen vor die Fassade geschoben.

Haus Jüttner

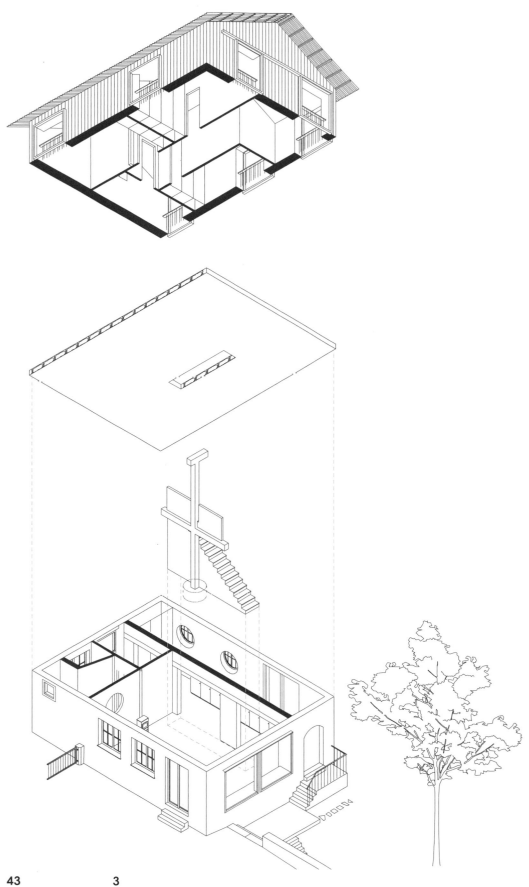

43 3
Axonometrische Darstellung von Umbau und Aufstockung

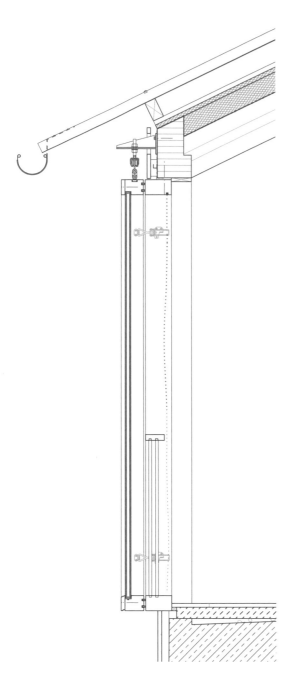

Die Fenster sind aus Fichtenschichtholzbalken, sogenannten Duobalken, gebaut. Die Verbindungen an den Rahmenecken sind mit Dübelverbindungen und Verzapfungen ausgeführt. Für den Öffnungsmechanismus wurden Komponenten von gängigen Scheunentorbeschlägen verwendet: eine Laufschiene, die mit Konsolen an der Brettschichtholzwand befestigt ist, und zwei Rollapparate, an denen der Öffnungsflügel hängt. Durch das Pendelgelenk des Rollapparats kann der Öffnungsflügel auch im 90-Grad-Winkel zur Laufrichtung bewegt werden. Dadurch kann das Schiebefenster vor der Fassade verschoben und zum Verschließen dicht an den Fensterstock gepresst werden.

Vertikalschnitt M 1:20
Der Öffnungsflügel wird über die seitlich angebrachten Kofferbeschläge festgestellt.

Haus Jüttner

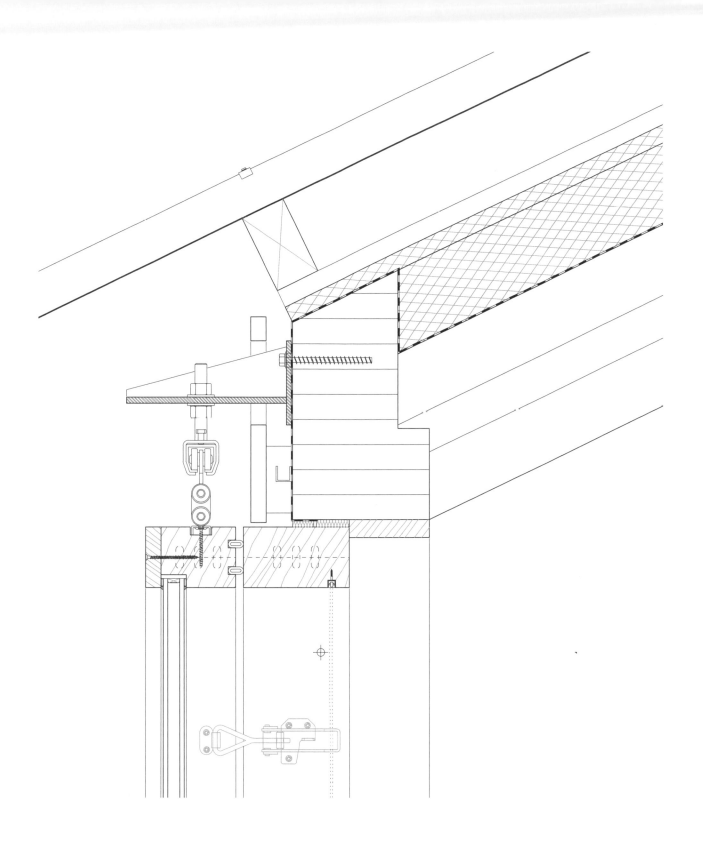

45 6

Vertikalschnitt M 1:5
Um die Dichtigkeit zu gewährleisten, sind im Fensterrahmen umlaufend EPDM-Moos-
gummidichtungen verlegt, die im Automobilbau üblich sind.

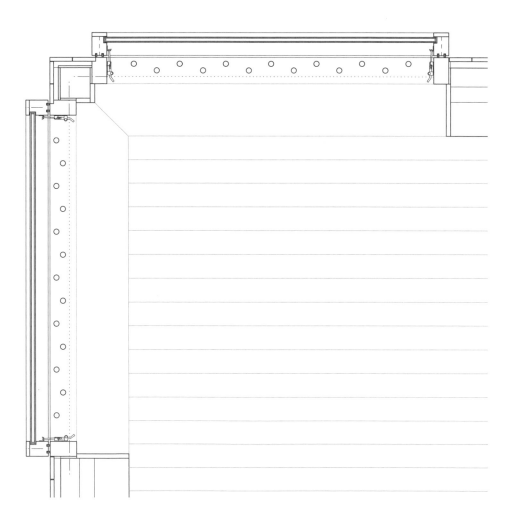

7 + 8
Horizontalschnitt M 1:20
Der Fensterstock ist seitlich an eine Vollholzeckstütze sowie an die Brettschichtholzwand geschraubt. Die Randfugen sind mit Stopfhanf und einem Kompriband
ausgefüllt.

Haus Jüttner

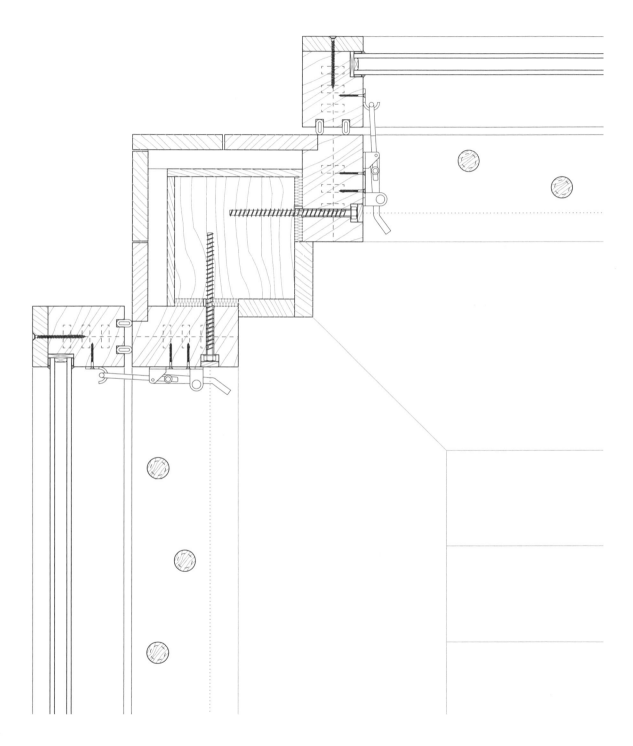

47 9

Horizontalschnitt M 1:5
Die Verglasung ist mit einer Lärchenpressleiste mit Senkkopfschrauben befestigt.

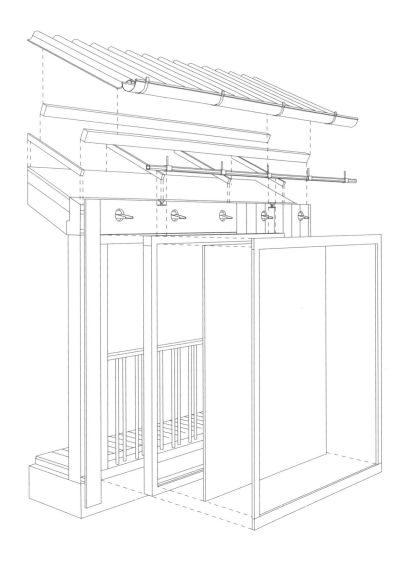

Vorbilder für die Fensterkonstruktion fand Simon Jüttner in der dänischen Architektur der Fünfziger- und Sechzigerjahre. Die daran orientierte Konstruktion eignet sich tatsächlich gut für den Selbstbau. Das Ergebnis bewährt sich bei den Bewohnerinnen und Bewohnern des Hauses und wurde inzwischen bei einem weiteren Projekt realisiert. Um die Leistungsfähigkeit des Fensterelements auf Basis der aktuell geltenden Vorschriften zu untersuchen, wurde eine bauphysikalische Berechnung erstellt. Das Ergebnis zeigt, dass die Konstruktion die heutigen Anforderungen erfüllt. Die berechnete Oberflächentemperatur im Sturz- und Brüstungsbereich des Fensters beträgt 13,2 °C. Somit werden die Anforderungen an den Mindestwärmeschutz im Bereich von Wärmebrücken gemäß DIN 4108 eingehalten. Mit der dargestellten Ausführung wird an den kritischen Ecken rechnerisch eine ausreichend hohe Oberflächentemperatur zur Gewährleistung der Tauwasserfreiheit erreicht, die eine Mindestoberflächentemperatur von 9,3 °C (Taupunkt: 100 % relative Feuchte) voraussetzt. Die Mindestoberflächentemperatur von 12,6 °C (Taupunkt: > 80 % relative Feuchte) zur Vermeidung von Schimmelwachstum kann in den kritischen Ecken ebenfalls nachgewiesen werden.

P3   48   10
                       Isometrische Darstellung des Fensterelements

Haus Jüttner

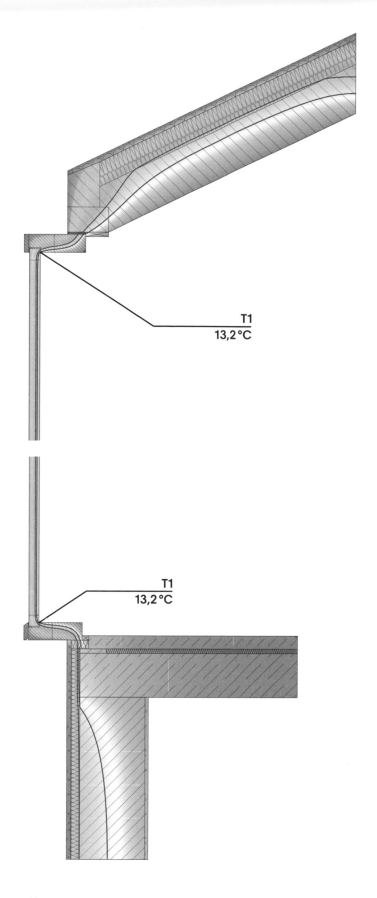

T1
13,2 °C

T1
13,2 °C

Planung: Dimitrij Lakatos
Fensterbau: Holzwerkstatt Klaus Grießer, Rosenheim
Fertigstellung: 2018

P4   Holzmüllerhof

Fenster nach historischem Vorbild

51   1

Orientiert an einem letzten original erhaltenen Fenster wurden die neuen Fenster
des denkmalgeschützten Hofs gestaltet und gebaut.

Der Holzmüllerhof, ein stattliches 200 Jahre altes Bauernhaus, liegt etwas abseits des Dorfs Kirchensur im Landkreis Rosenheim. Die alten Fenster des Hofs wurden in den Siebzigerjahren ausgebaut und dafür mit praktischeren Kunststofffenstern ohne Sprossen und mittiger Teilung ersetzt. Trotz dieser einschneidenden Veränderung wurde das Gebäude später zum Denkmal erhoben und dann glücklicherweise von umsichtigen Bauherren erworben. Sie entwickelten zusammen mit dem Architekten Dimitrij Lakatos ein bemühtes Sanierungskonzept. Die Kunststofffenster sollten dabei unbedingt wieder durch Holzfenster ersetzt werden. Zum Vorbild nahm man sich dafür das letzte noch original erhaltene Fenster zum Heuboden auf der Südseite des Hauses. Zusammen mit dem Schreiner Klaus Grießer wurden die neuen Fenster geplant und schließlich in seiner Werkstatt gebaut. Durch den erneuten Austausch der Fenster erhielt die Fassade des Hauses wieder seinen ursprünglichen Charakter.

Die Denkmalschutzbehörde gab vor, sich bei den neuen Fenstern streng an der Gestalt des Vorbildfensters zu orientieren: der stehende Mittelpfosten und die Gliederung der Fensterscheiben durch eine horizontale Sprosse, die Farbigkeit (außen grün und innen weiß) und die schwarzen Fensterbeschläge. Die Fassade sollte mit Kalkputz versehen werden. Der sogenannte denkmalpflegerische Mehraufwand wurde von den Behörden finanziell unterstützt. Grundlage für diese Förderung ist eine rechtzeitige und umfassende Abstimmung der Maßnahmen. Für die Ausführung musste nach ausführlicher Beschreibung und Planung eine denkmalrechtliche Erlaubnis eingeholt werden.

2
Giebelfassade des Hofs nach dem Tausch der Fenster

53   3
Vorbildfenster auf der Südseite

Die Fenster sitzen weit außen in der Wand, fast bündig mit der Fassadenebene. Die Innenlaibungen sind deshalb recht tief. In den alten Bauernhäusern der Region findet man diese
Situation häufig vor. Die Position des Fensters ist dabei bauphysikalisch kritisch, weil die
tiefe Laibung nach außen hin immer kälter wird und deshalb die Gefahr besteht, dass sich
dort Tauwasser bildet. Man überlegte daher beim Holzmüllerhof, in der Laibung eine Heiz-
schleife zu verlegen und diesen Bereich zu temperieren. Aus Kostengründen wurde jedoch
auf diese Maßnahme verzichtet. Erfreulicherweise gibt es an dieser Stelle bisher keine
Mängel. Grundsätzlich sollte beim Einbau von leistungsfähigeren Fenstern der Laibungs-
bereich mit betrachtet werden. Eine Wandtemperierung oder eine Laibungsdämmung
könnte notwendig sein.

Die tiefe Innenlaibung ist typisch für die Bauernhäuser der Region.

Holzmüllerhof

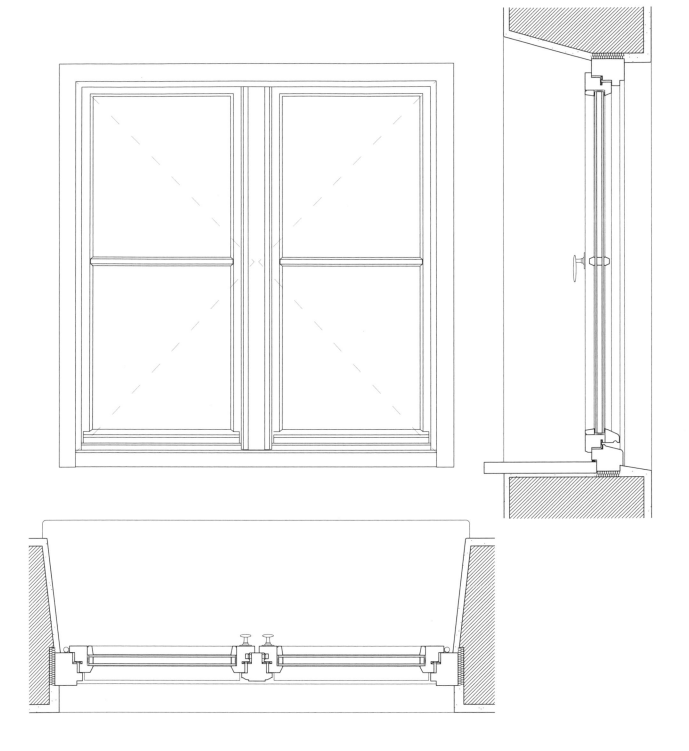

55   5
Dreitafelprojektion M 1:10

Klaus Grießer fertigte die Holzkonstruktion der Fenster, ohne auf industriell vorgefertigte Komponenten zurückzugreifen. Er baute die Rahmen aus sorgfältig ausgesuchten Lärchenholzbohlen. Weil dieses Vorgehen inzwischen zur Ausnahme geworden ist, wird es hier beschrieben. In der Regel läuft heute die Herstellung von Fenstern in Fertigungszentren weitgehend automatisiert ab.

1. Besäumen und Abrichten der Lärchenholzbohlen
2. Hobeln, Zuschneiden und Verleimen zu Kanteln
3. Fräsen der Profile aus den Kanteln für Blend- und Fensterrahmen
4. Fräsen der Schlitz- und Zapfenverbindung der Ecken
5. Verleimen der Blend- und Fensterrahmen
6. Anbringen der Beschläge, hier Einbohrbänder und einfache Einsteckgetriebe mit Olivenverschluss

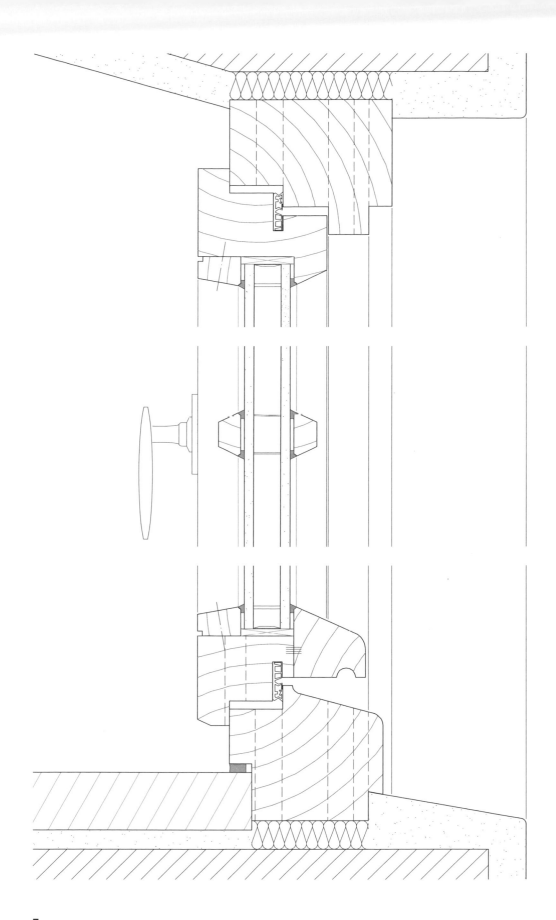

57   7
Vertikalschnitt M 1:2

P4   58   8

Der Schreiner Klaus Grießer verarbeitete nach handwerklicher Tradition
Bohlen zu Fenstern.

Holzmüllerhof

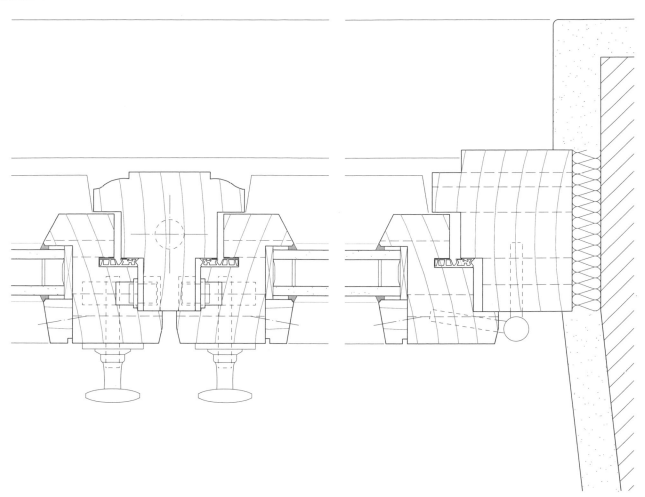

Das Gebäude und die Konstruktion der Fenster stehen in enger Verbindung, gestalterisch, konstruktiv und bauphysikalisch. Die stattlichen Bestandsmauern sind lediglich mit Kalkputz versehen und nicht zusätzlich gedämmt, da im denkmalgeschützten Bestand eine Abweichung vom vorgeschriebenen Mindestwärmeschutz möglich ist. Ein Vollwärmeschutz beispielsweise wäre aus denkmalpflegerischer Sicht auch unerwünscht. Orientiert an dem Grundsatz, dass der Wärmedurchgangskoeffizient der Fenster nicht besser sein sollte als der der Wand, ist für die Fenster des Holzmüllerhofs eine Zweifachisolierverglasung ausreichend und sinnvoll, zumal die Profile entsprechend dem Vorbild nicht zu dick werden sollten. [8] Um ihm nahezukommen, musste eine individuelle Konstruktion gefunden werden, die zwar bewährten handwerklichen Methoden entspricht, aber nicht zertifiziert ist. Im Regelfall müssen Fenster für den Nachweis des Wärmeschutzes genau spezifiziert sein. Eine Einordung der Leistungsfähigkeit eines Fensters hinsichtlich des Wärmeschutzes und weiterer Kriterien, wie Luftdurchlässigkeit oder Schlagregendichtigkeit, wird über Labortests ermittelt. Diese Tests sind für kleine Handwerksbetriebe wirtschaftlich zu aufwendig. Für die individuelle Planung und Fertigung von Fenstern stellt das eine große Hürde dar. Um Konstruktionen mit Zertifikat anbieten zu können, müssen Handwerksbetriebe auf laborgeprüfte Standarddetails zurückgreifen. Dies schränkt die Gestaltung von Fenstern stark ein. Bei einem denkmalgeschützten Gebäude liegen die Schwerpunkte nicht allein auf der Energieeffizienz, sondern vor allem auf der Konstruktion und Anmutung. Daraus ergeben sich andere Planungs- und Fertigungsspielräume, die auch für den Erhalt und die Weiterentwicklung handwerklicher Fertigungstechniken immens wichtig sind.

59   9
          Horizontalschnitt M 1:2

Das Streichen der Fenster übernahm der Bauherr selbst.

Holzmüllerhof

Für die Beschichtung der Fenster wählte man beim Holzmüllerhof einen pigmentierten Leinölanstrich. Leinöl wird seit Jahrhunderten für die Oberflächenbehandlung von Fenstern verwendet und spielt gerade bei Denkmälern noch heute eine wichtige Rolle. Weil die Trocknungszeiten wesentlich länger sind als bei synthetischen Anstrichen, ist die Anwendung aufwendig. Der Bauherr des Holzmüllerhofs strich seine Fenster selbst. Die Verglasung wurde erst nach dem Oberflächenauftrag eingesetzt, verklotzt und mit Glasleisten befestigt. Die eingebauten Fenster wurden beiderseits umlaufend eingeputzt. Außen sind die Brüstungen anstelle von Verblechungen schräg verputzt. Diese Anschlüsse sollten regelmäßig auf Risse untersucht und gegebenenfalls repariert werden.

Planung: Architekturbüro Felder Geser, Egg
Fensterbau: Schwarzmann Fenster GmbH & Co KG, Schoppernau
Fertigstellung: 2011

P5   Krützstock

Filigrane Holzfenster mit Dreifachverglasung

63   1

Den Umbau eines historischen Bregenzerwälderhauses nahmen die Architekten Walter Felder und Wise Geser zum Anlass, ein neues Fensterelement zu entwickeln. Feingliedrig wie historische Vorbilder sollte es sein und gleichzeitig auf dem heutigen Stand der Technik.

Die Gliederung der Fassade des umgebauten Bauernhauses blieb erhalten.

Krützstock

Die traditionellen Häuser im Bregenzerwald wirken anmutig, als wären sie in einen fein gewebten Stoff eingehüllt. Ihre Fassaden sind nämlich mit kleinteiligen, runden Schindeln überzogen, die ihnen ein organisches Aussehen verleihen. Die Fenster sind regelmäßig angeordnet und ihre Profile filigran. Die Architekten Walter Felder und Wise Geser haben sich beim Umbau eines historischen Bregenzerwälderhauses intensiv mit diesen charakteristischen Elementen auseinandergesetzt. Sie erneuerten die Fassade und gestalteten ein neues Fensterelement nach heutigem technischem Standard und gleichzeitig mit feiner Profilierung, wie bei den historischen Fenstern. Dieses ehrgeizige Projekt konnte in Zusammenarbeit mit dem Tischler Claus Schwarzmann erfolgreich umgesetzt werden. Man nannte dieses neue Fensterelement *Krützstock*, wie auch die traditionellen Fenster nach Bregenzerwälder Mundart genannt werden. Der *Krützstock* wurde 2012 mit dem ersten Preis des Gestaltungswettbewerbs *Handwerk und Form* ausgezeichnet.

Um der feinen Profilierung von historischen Kastenfenstern möglichst nahezukommen, hätte man einfach ein Muster nachbauen können, vielleicht mit einigen Verbesserungen, wie Isolierglas in der zweiten Ebene. Walter Felder und Wise Geser entschieden sich jedoch dafür, diesen Ausdruck mit einer zeitgemäßen Konstruktion zu erreichen, nach den aktuellen technischen Möglichkeiten. Sie entwarfen ein bemerkenswert filigranes Fensterelement. Die Profile gestalteten sie mit einer extrem schlanken Abschusskante, gerade zur Außenseite hin. Das war besonders herausfordernd, denn die schmalen Profile müssen noch eine Dreifachisolierverglasung aufnehmen können. Fensterflügel und Rahmen schließen bündig miteinander ab und integrieren durch die Profilierung geschickt den Wetterschenkel. Auch die Fensterläden sollten, wie bei den Vorbildern, ein selbstverständlicher Bestandteil des Fensters sein. Dafür schufen sie einen Rahmen, der das Fenster und die Läden fasst und sich in den Schindelmantel einfügt. Für den Erfolg des Vorhabens war die enge Zusammenarbeit mit der Tischlerei Schwarzmann ganz entscheidend. Die Architekten trauten sich das Projekt zu, weil sie auf die jahrzehntelange Erfahrung des Betriebs setzen und auch die Experimentierfreudigkeit von Claus Schwarzmann kannten. Zusammen entwickelten sie den Entwurf bis zur Ausführungsreife. Alle Fenster wurden dann auch in der Tischlerei gefertigt.

P5 66 3
Krützstock im Detail

Krützstock

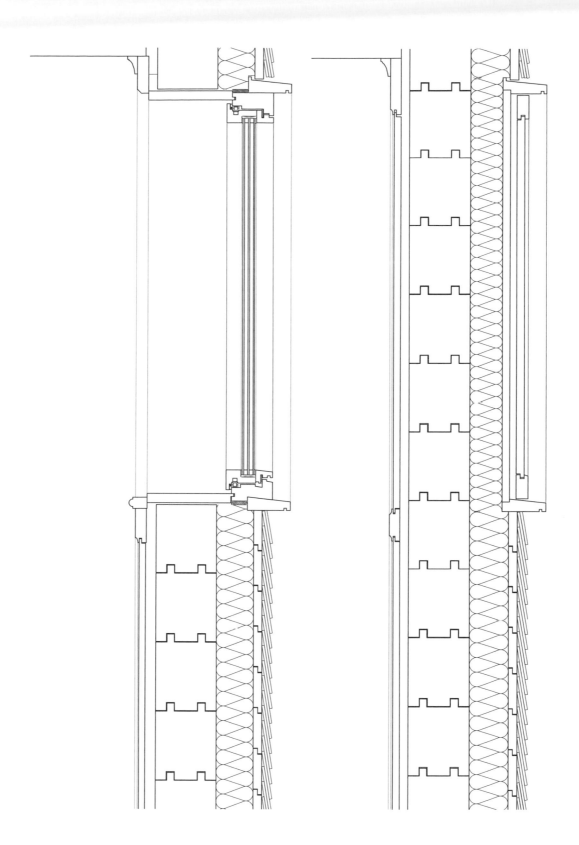

67   4
Vertikalschnitt durch die Fensterebene und durch die Fensterladen-
ebene M 1:10

Die Feinheit und Eleganz der Fenster hängt ganz wesentlich mit den Beschlägen zusammen. Die Profile konnten nämlich nur so schlank werden, weil der umlaufende Öffnungsbeschlag hinter der Glasebene angeordnet wurde (siehe Abb. 6). Daraus lassen sich jedoch noch mehr Vorteile ziehen: Der U-Wert des Rahmens wird besser und der geringere Rahmenanteil bietet ein Maximum an Glas- und damit Belichtungsfläche. Die Halter für die Fensterläden sind eigens für die Neukonstruktion entwickelt und gestaltet. Der Winkel aus Edelstahl rastet beim Schließen der Läden in eine keilförmige Aufnahme ein. Durch das Verdrehen des Winkels kann die Arretierung wieder gelöst werden. Gleichermaßen funktioniert die rückseitige Ladenhalterseite, die sich beim vollständigen Öffnen ebenfalls arretiert.

P5   68   5
Die Ladenhalter wurden eigens für das Fensterelement entworfen.

Krützstock

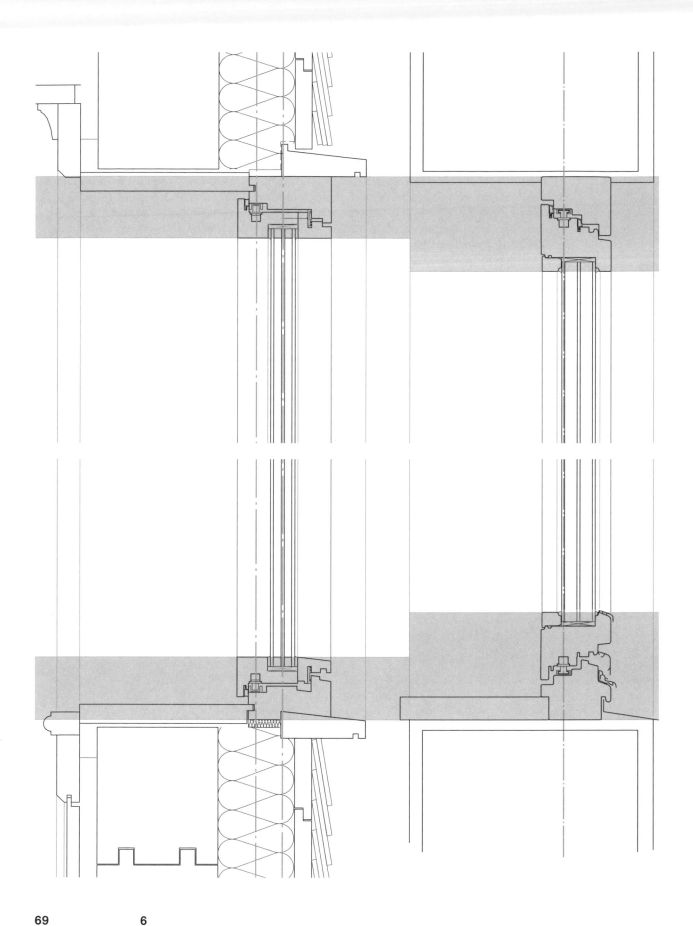

69   6
Vergleich Krützstock und Standardprofil in Bezug auf die Position des Beschlags
im Zusammenhang mit der Verglasung sowie der Rahmenbreite im Verhältnis
zur Glasfläche M 1:5

Die Konstruktion zeigt die handwerkliche Tradition, die Fensterbauer und Architekten verfolgen. Die Rahmen sind mit Zinkenverbindungen gefügt und aus zwei verschiedenen heimischen Hölzern gefertigt. Für die Flügelrahmen wurde innenseitig feinjähriges Fichtenholz verwendet und an der bewitterten Außenseite Eichenholz eingesetzt. Die Rahmen sind zweiteilig ausgebildet und miteinander verschraubt. Weil die beiden Rahmenteile das Glas halten, sind keine zusätzlichen Glasleisten notwendig. Die geschickt hinter den Dichtungen positionierten Verschraubungen können wieder gelöst werden, sodass sich der außen liegende Eichenrahmen bei zu starker Verwitterung einfach auswechseln lässt. Der äußere umlaufende Rahmen des Fensterelements ist ebenfalls aus Eiche ausgebildet, die Rahmen und Füllungen der Läden sind aus Fichte. Die Oberflächen sind lediglich mit Bläueschutz behandelt. Das Fenster darf mit der Zeit verwittern und vergrauen, wodurch sich ein natürlicher Holzschutz aufbaut. Die Konstruktion lässt sich nicht in die gängigen Standardprofile heutiger Fenster einordnen. Trotzdem ist die Leistungsfähigkeit des im Labor geprüften Prototyps exzellent: Er erreicht die Luftdichtigkeitsklasse 3 (von vier Klassen) und eine Schlagregendichtigkeitsklasse von 8A (von neun Klassen). Der U_w-Wert des Fensters liegt bei 0,75 W/(m²K).

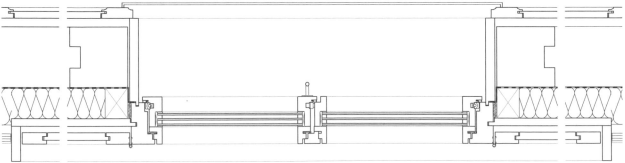

P5 70 7 + 8
Außenseite des Fensters
Horizontalschnitt M 1:10

Krützstock

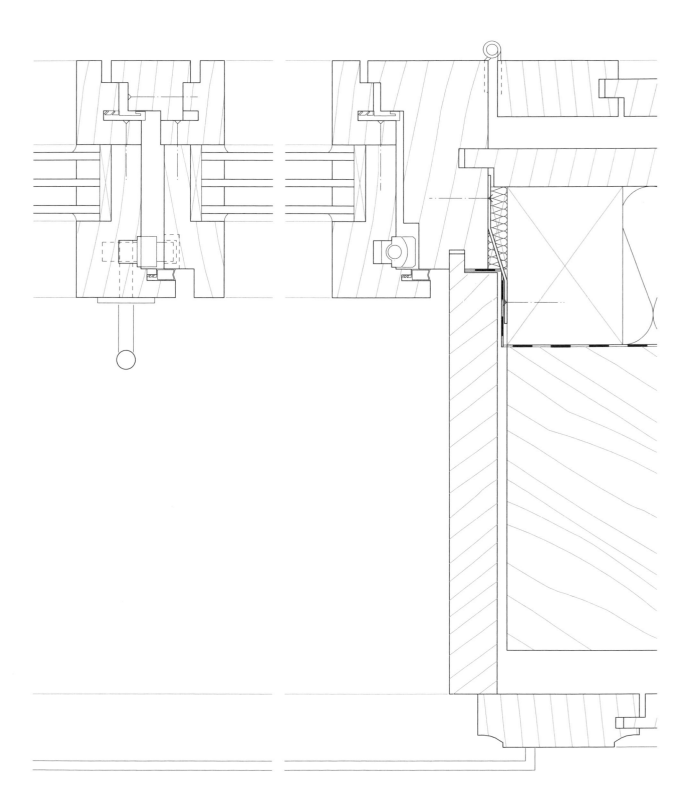

71 9
Horizontalschnitt M 1:2

P5   72   10

Im geöffneten Zustand sieht man die Verbindung der Fensterrahmen
mit Schlitz und Zapfen.

Krützstock

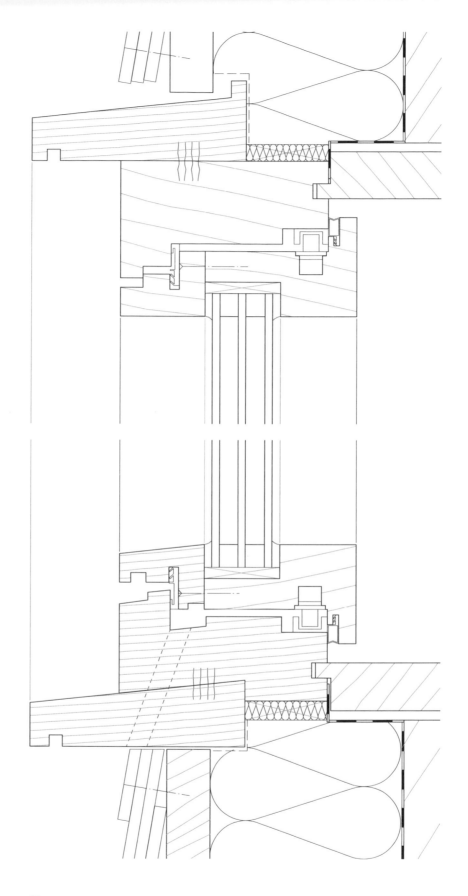

11
Vertikalschnitt M 1:2

 Fichte Eiche

Planung: Deppisch Architekten GmbH
Fensterbau: SK Hahn GmbH, Unterdietfurt
Haustechnik: Ingenieurbüro M. Vogt GmbH
Fertigstellung: 2014

Kastenfenster zeitgemäß konzipiert

75   1

Durch Dachüberstand und Balkon sind die Kastenfenster gut vor der Witterung geschützt. Der äußere Flügel lässt sich nach außen öffnen.

Das neue Pfarrhaus St. Margareta in Ampfing ersetzt den Vorgängerbau an gleicher Stelle und steht in einem Ensemble von Häusern gruppiert um einen Hof. Das Gebäude integriert bewährte Elemente der regionalen Architekturtradition, verknüpft diese mit zeitgemäßer Technik und zeigt dabei eine schlüssige Lösung für ein einfaches und nachhaltiges Lüftungskonzept. Eine zentrale Rolle spielen dabei die Kastenfenster aus Eiche, die in die Südfassade des Gebäudes eingebaut sind und eigens für das Haus entwickelt wurden.

P6   76   2
Das neue Pfarrhaus im Ensemble gruppiert um einen Hof

Pfarrhaus St. Margareta

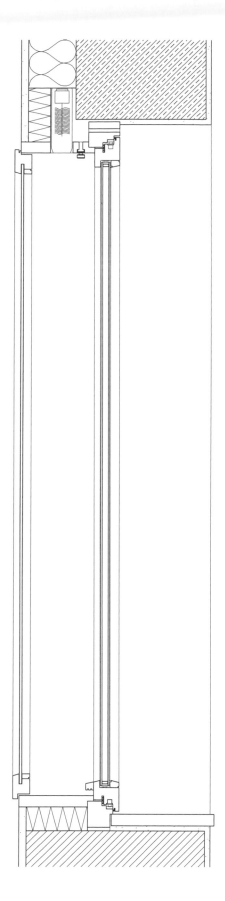

77 3
Die Kastenfenster bestehen aus einem einfach verglasten Flügel auf der
Außenseite und einem zweifachverglasten Flügel auf der Innenseite.
Vertikalschnitt M 1:10

P6   78   4

In der kalten Jahreszeit bleiben beide Flügel geschlossen. Die Luftschicht zwischen den beiden Scheiben dient als zusätzliche Dämmschicht.

Pfarrhaus St. Margareta

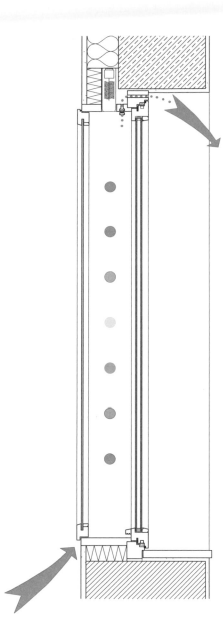

Um eine kontinuierliche und bedarfsgerechte Frischluftversorgung zu ermöglichen, sind in das Kastenfenster einfache lüftungstechnische Komponenten integriert. Im unteren Bereich des Fensterfalzes (des äußeren Fensterflügels) wurde die Dichtungsebene unterbrochen, sodass Luft in den Zwischenraum der beiden Fenster einströmen kann. Über die Öffnungen im oberen Bereich des Kastens gelangt die Luft in den Innenraum. Hinter den Jalousieblenden sind Lüftungsprofile eingebaut. Mithilfe eines Drehknopfs können diese Profile manuell geregelt und auch ganz geschlossen werden, wenn kein Luftwechsel gewünscht wird. Die einströmende Luft erwärmt sich im Zwischenraum der beiden Flügel und kommt temperiert in die Räume.

79   5
Luftstrom im geschlossenen Zustand
Prinzipdarstellung ohne Maßstab

Aufgrund des weiten Überstands von Dach und Balkon sind die Fenster gut vor Schlagregen geschützt. Ähnlich wie traditionelle Winterfenster sind die nach außen aufschlagen-
den Fensterflügel gedacht. Bei wärmeren Temperaturen genügt dann ein Fenster, das man
zum Lüften einfach öffnen kann. Durch die verschiedenen Öffnungsvarianten des inneren
und des äußeren Flügels kann die Lüftung des modernen Kastenfensters bei gleichzeitig
gutem Wärmeschutz differenziert gesteuert werden.

P6   80   6
Im Sommer kann der äußere Flügel offen bleiben, damit das Lüften
einfacher ist.

Pfarrhaus St. Margareta

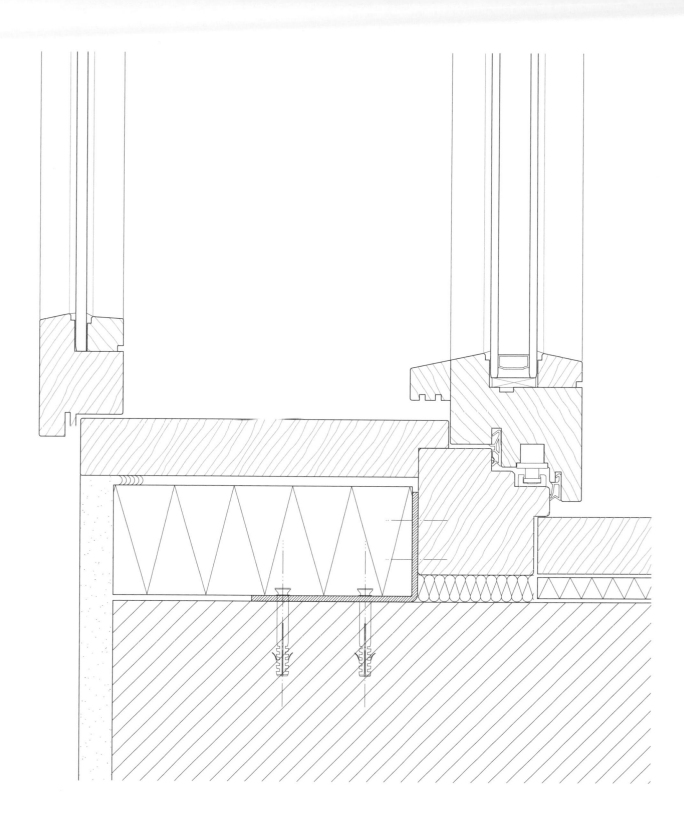

81   7
Unterer Anschluss, Vertikalschnitt M 1:2

P6   82   8

In den oberen Bereich des Blendrahmens sind Öffnungsschlitze eingefräst.

Pfarrhaus St. Margareta

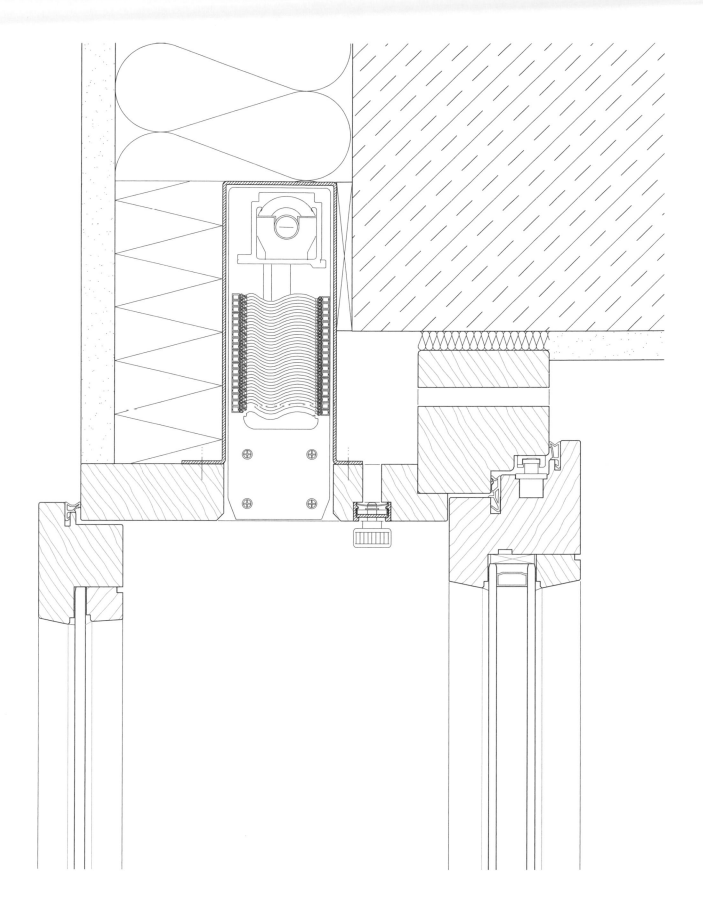

83   9
Oberer Anschluss, Vertikalschnitt M 1:2

Um den Luftwechsel zu kontrollieren und zu regulieren, wurde zusätzlich eine mechanische Abluftanlage eingebaut. Die verbrauchte, feuchtebelastete Luft wird im hinteren Bereich des Gebäudes, beispielsweise in den WCs, abgesaugt. Frische Außenluft strömt wegen des im Gebäudeinneren entstehenden Unterdrucks durch die Fensterdurchlässe nach. Dafür ist ein Luftverbund aller Räume erforderlich, der sich zum Beispiel über ausreichend dimensionierte Türspalten erreichen lässt.

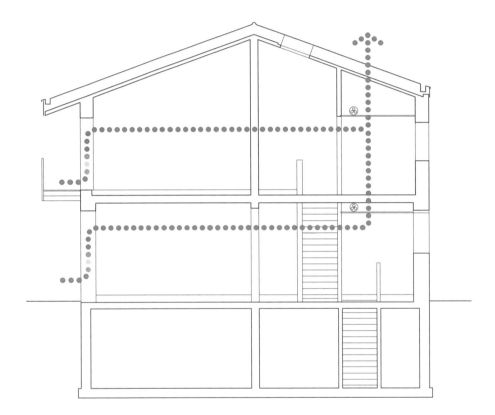

P6   84   10
            Schema der Luftwechsel im Gebäude ohne Maßstab

Pfarrhaus St. Margareta

85   11
Sonnenschutzlamellen und Lüftungskanal sind bündig in den Kasten
des Fensters integriert.

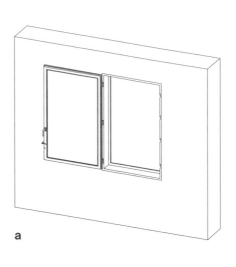

a

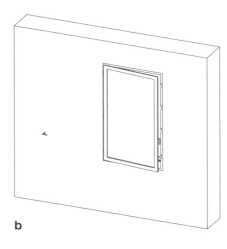

b

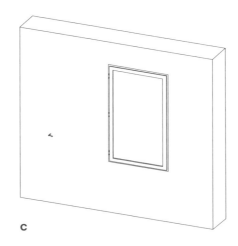

c

P6   86   12 + 13
Einfache Sturmhaken dienen zur Arretierung des Fensters mit einem Lüftungsspalt.

Pfarrhaus St. Margareta

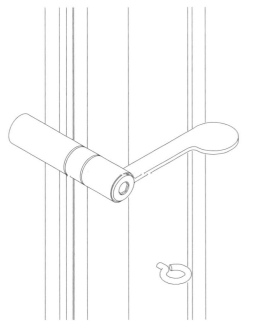

Die auf die Außentemperatur abgestimmte Lüftung funktioniert in drei Öffnungsvarianten: die Öffnung des Außenflügels um 180° (siehe Abb. 13 a), die Feststellung eines Spalts (Abb. 13 b) und das vollständige Verschließen des Flügels mit Luftdurchlass im Falzbereich (Abb. 13 c). Dazu dienen ein Reiber (siehe Abb. 15), ein Haken mit Öse (siehe Abb. 14) und ein Falz ohne Dichtung. Diese Lösung besticht durch ihre Einfachheit und ein überschaubares Maß an Technik. In der Regel muss heute wegen der vorgeschriebenen Dichtigkeit der Fenster eine teure, wartungsintensive mechanische Zu- und Abluftanlage in Gebäude integriert werden, um den Luftwechsel zu gewährleisten und die Feuchtigkeit zu regulieren. Hier hat man durch die umsichtige Konzeption moderner Kastenfenster eine gut funktionierende, ästhetisch anspruchsvolle und nachhaltige Lösung geschaffen.

87   14 + 15
            Ein Fensterreiber stellt die äußeren Fensterflügel an der Fassade fest.

Planung: Architekturwerkraum Judith Resch
Fensterbau: Bildhauermeister und Restaurator Friedrich Mayet, Unterammergau
Bauphysik: IBN Bauphysik GmbH & Co. KG.
Fertigstellung eines Musterfensters: 2021

Kastenfenster aus zwei Zeitschichten

89   1

Die alten Fenster des Hofs funktionieren noch, obwohl die Farbschichten abge-
platzt und Teile des Holzes stark verwittert sind. Einige Scheiben sind gebrochen.
Insgesamt aber ist die Substanz der Fenster gut erhalten und sie können restauriert werden.

P7   90   2
Straßenseitige Giebelfassade

Hof in Weilheim

Ein denkmalgeschützter Hof aus dem 19. Jahrhundert steht seit Jahrzehnten unberührt im Ensemble Obere Stadt in Weilheim in Oberbayern. Seine nordseitige Giebelfassade ist ein Glied einer langen Kette von meist giebelständigen Häusern, die sich an beiden Seiten des Straßenzugs aufreihen. Der Großteil dieser Häuser ist bereits umfänglich modernisiert und stark verändert. Der Hof wurde spartanisch bewohnt und stand lange leer, weshalb seine Originalität bewahrt blieb. Sein etwas heruntergekommenes Antlitz ist im Vergleich zu seinen Nachbarn besonders fein gezeichnet, da die historischen Fenster und Türen noch erhalten sind. In einer Vorplanungsphase wurden Strategien für die Sanierung des Hauses erarbeitet und ein Fenster exemplarisch restauriert und energetisch ertüchtigt.

Die straßenseitige Giebelfassade mit ihrer symmetrischen Gliederung und den gleichen Fensterformaten mit Fensterläden entspricht den regionaltypischen Bauernhoffassaden. Besonders sind die noch original erhaltenen Fenster aus der Entstehungszeit um 1810. Das Fassadenbild wird durch die schmalen Querschnitte fein rhythmisiert. Den Fenstern sieht man ihre handwerkliche Verarbeitung aus vorindustrieller Zeit an. Eine ganz eigene Wirkung erzeugen die mundgeblasenen Einscheibenverglasungen, die durch ihre gewellte Oberfläche die Umgebung etwas verzerrt, aber weniger hart spiegeln. Würden diese Fenster ausgetauscht werden, wäre ein charakteristischer Teil der Fassade unwiederbringlich verloren. Der Fokus der Sanierung richtet sich daher auf den Erhalt der originalen Fenster mit ihren historischen Fensterglasflächen.

P7 92 3
Prototyp der zweiten Ebene vor dem restaurierten historischen Fenster

Hof in Weilheim

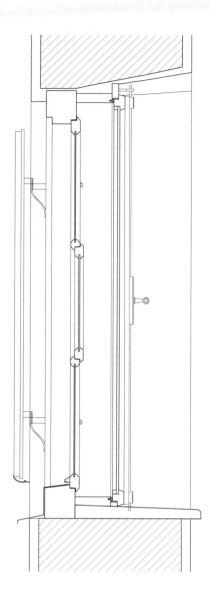

Um die Möglichkeiten der Ertüchtigung zu veranschaulichen, schlug die Architektin Judith Resch den Bauherren vor, ein Fensterelement exemplarisch zu restaurieren und eine zweite Fensterebene einzubauen. Die Denkmalbehörde unterstützte diesen Vorschlag und förderte das Projekt. Die Bewertung des Musterfensters lieferte wichtige Erkenntnisse für die weitere Vorgehensweise.

Die historischen Fenster können damit in ihrer Erscheinung in der Fassade erhalten bleiben. Um auch den Ansprüchen einer zeitgemäßen Wohnnutzung besser gerecht zu werden, ist auf der Innenseite der historischen Fenster eine zweite Fensterebene geplant. Historisches und neues Fenster bilden zusammen ein Kastenfenster, das erheblich besser vor Kälte und Schall schützt als das original erhaltene. Im Rahmen des Seminars *Fenster gestalten* am Lehrstuhl von Florian Nagler begleiteten die Studierenden Johannes Poellner und Anna Jundt Planung und Fertigung.

4
Vertikalschnitt durch das Fenster mit der neuen zweiten Ebene M 1:10

Die bestehenden Flügel wurden, soweit möglich, erhalten und handwerklich überarbeitet. Der Restaurator entfernte die nicht mehr tragfähigen Farbschichten. Die defekten Beschläge nahm er ab und rekonstruierte sie. Die schadhaften Stellen des Holzes wurden ebenfalls entfernt. Die Fehlstellen wurden je nach Größe mit Kitt oder Holz ergänzt. Die Holzoberflächen beschichtete er mit einer Grundierung und einem zweimaligen Farbauftrag auf Acrylbasis neu. Die Oberfläche hat sich bei dem Musterfenster als nicht ausreichend robust erwiesen. In Abstimmung mit dem Denkmalschutz werden künftig alle historischen Farbschichten entfernt und mit einem Anstrichsystem auf Leinölbasis beschichtet. Alte Farbschichten werden auf Schadstoffbelastungen überprüft.

5 + 6
Entfernen der nicht mehr tragfähigen Farbschichten und Ergänzen von brüchigen Beschlägen

Hof in Weilheim

Eine durch Bewitterung nahezu vollkommen zerstörte Nutwange wurde abgetragen und durch eine neue Leiste ergänzt. Da das Fenster als Steckrahmen konstruiert ist, war dieser untere Schenkel ursprünglich einteilig.

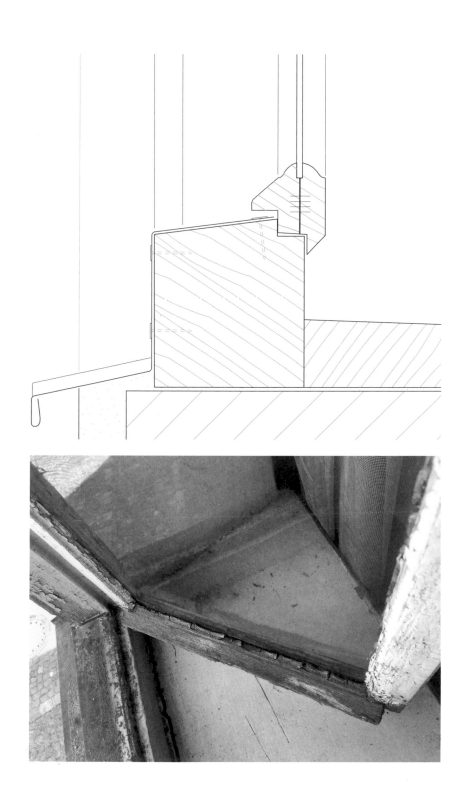

7 + 8
Vertikalschnitt durch den unteren Bereich des Fensters M 1:2
Würfelbrüchige Nutwange, Zustand vor Nachbearbeitung

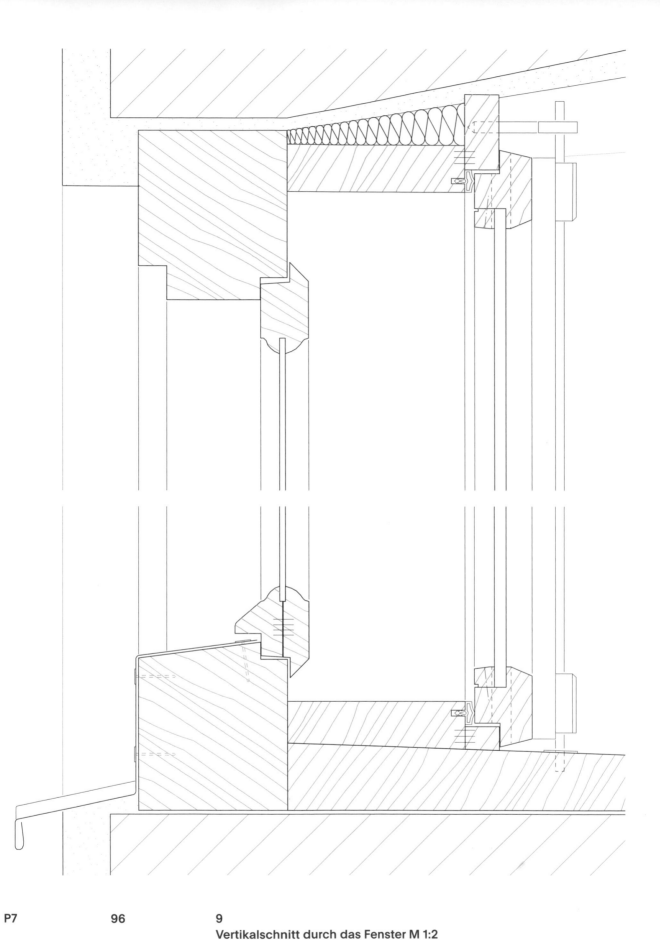

P7   96   9

Vertikalschnitt durch das Fenster M 1:2

Hof in Weilheim

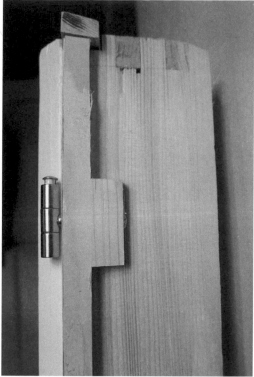

Das historische Fenster ist eine zweiflügelige Doppelrahmenkonstruktion, also mit einem stehenden mittigen Anschlag. Der Verschluss wird mit Reibern gewährleistet. Die neue Konstruktion wird als eine überfälzte, zweiflügelige, ohne mittige Teilung ausgeführt. Auf den bestehenden Fensterstock wird eine Blendrahmenkonstruktion vorgesetzt, in der die zweite Fensterflügelebene sitzt. Dieses prinzipielle Vorgehen war aufgrund der Besonderheit der noch original erhaltenen Fenster vorgegeben. Maßgeblich waren dabei die Querschnitte der historischen Fenster. Sie wurden aus dem Zollmaßsystem entwickelt, dem gängigen Maß der Entstehungszeit. Auch die neuen Fensterprofile sind maßlich daran orientiert und so dimensioniert, dass sie gestalterisch stimmig wirken und gleichzeitig ausreichend stabil sind. Sämtliche Holzverbindungen sind auch entstehungszeittypisch. Beispielsweise wurden die Fensterflügelrahmen verzapft und der Blendrahmen gezinkt. Als Verschluss wurde ein aufliegendes Bascule-Getriebe mit Stangenverschluss gewählt, vor allem, um die schmalen Querschnitte zu gewährleisten. Die zweite Fensterebene wird mit dem historischen Fenster verbunden. Damit der Rand des Blendrahmens möglichst schmal ausfällt, wurde der Putz in der Laibung oberflächlich abgetragen. Die Fuge zwischen Blendrahmen und Mauerlaibung wird vollflächig gedämmt. Der Anschluss von Laibung und Blendrahmen wird umlaufend verfugt. Die Konstruktion und die Gestaltung des Fensterelements sind aus handwerklicher Erfahrung und mit Ideenreichtum entwickelt worden. Geltende DIN-Normen wurden nicht herangezogen.

10 + 11
Handwerkliche Verbindungen

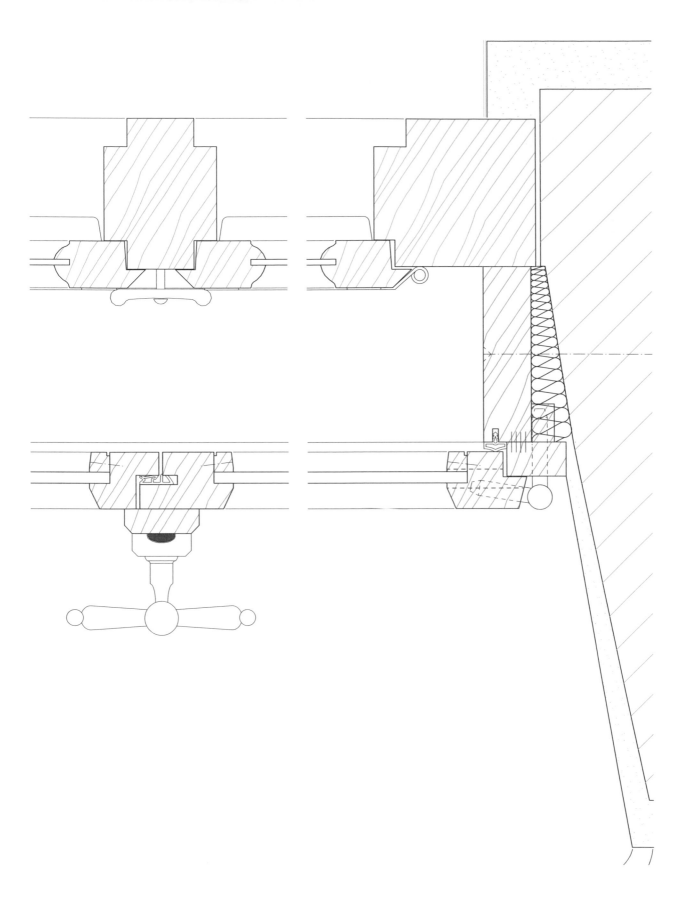

P7 98 12
Horizontalschnitt durch das Fenster M 1:2

Hof in Weilheim

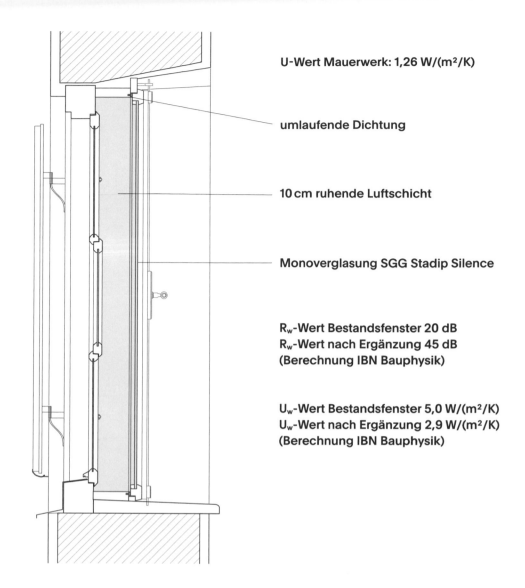

U-Wert Mauerwerk: 1,26 W/(m²/K)

umlaufende Dichtung

10 cm ruhende Luftschicht

Monoverglasung SGG Stadip Silence

R_w-Wert Bestandsfenster 20 dB
R_w-Wert nach Ergänzung 45 dB
(Berechnung IBN Bauphysik)

U_w-Wert Bestandsfenster 5,0 W/(m²/K)
U_w-Wert nach Ergänzung 2,9 W/(m²/K)
(Berechnung IBN Bauphysik)

Um den Wärmeschutz und den Schallschutz im Zusammenhang mit der bestehenden Wand sinnvoll zu verbessern, wurde die Konstruktion in der Planungsphase mit einem Büro für Bauphysik abgestimmt. Da der Wärmedurchgangskoeffizient der Fenster auch mit den geplanten Maßnahmen weiterhin schlechter ist als der Wärmedurchgangskoeffizient der (sanierten) Außenwand, besteht keine Gefahr der Schimmelpilzbildung am Mauerwerk. Für die Verglasung der neuen Fensterebene wurde ein Schalldämmglas gewählt. Für eine gute Schalldämmung ist jedoch darauf zu achten, dass die umlaufende Dichtung satt aufliegt.

99   13
         Vertikalschnitt mit der schematischen Darstellung der bauphysikalisch
         relevanten Maßnahmen

Planung: Architekturwerkraum Judith Resch
Fensterbau: Schreinerei Gilg
Bauphysik: IBN Bauphysik GmbH & Co. KG

P8   Haus Walch

Verbundfenster ertüchtigt

101   1
Südfassade

Das unaufdringlich gestaltete Wohnhaus wurde 1957–58 nach den Plänen des Architekten Walch gebaut. Seine Zeichnungen sind noch erhalten und zeugen davon, wie sorgfältig der Architekt plante – von der Außenraumgestaltung bis hin zur Detailplanung. Jedes Bauteil wurde im Zusammenhang mit der gestalterischen Idee und der Konstruktion des Hauses entwickelt und in unterschiedlichen Maßstäben präzise dargestellt. Nach diesen Vorgaben wurde dann „einfach gebaut". Das Gebäude zeigte sich über die Jahre als sehr robust und ist gut erhalten. Jedes Geschoss verfügt über eine großzügige, aber effizient aufgeteilte Wohnung, die auch aus heutiger Sicht einen guten Wohnkomfort und für jede Partei viel Privatsphäre bietet. Aktuell wird ein Konzept für eine energetische Ertüchtigung erstellt, das auf die Architektur des Hauses abgestimmt ist. Ein besonderes Augenmerk wurde dabei auf die noch original erhaltenen Verbundfenster gerichtet, die nach den Plänen des Architekten Walch gebaut wurden.

Fensterkonstruktion und Einbausituation sind wohlbedacht aufeinander abgestimmt. Bündig zur Fassade befinden sich die Fenster mit einer umlaufend gleichbreiten Schattenfuge in der Maueröffnung. Fensterblendrahmen und Fensterfasche bilden zusammen eine differenzierte Einfassung, die die gleichmäßig angeordneten Fenster rahmt. Zusätzliche Elemente, wie die Vergitterung einiger Fenster im Erdgeschoss, sind ebenfalls bündig in den Rahmen integriert. Diese Detaillierung und Anordnung der Fenster verleiht dem Gebäude eine ausgewogene Erscheinung. Wie für die Bauzeit der 1950er Jahre üblich, verwendete der Architekt Verbundfenster. Dabei sind zwei einfach verglaste Fensterflügel mit einem Beschlag fest miteinander verbunden. Sie sind zu einen Öffnungsflügel gefügt und können zur Reinigung voneinander getrennt werden.

103 2
In der Nordfassade befinden sich im regelmäßigen Rhythmus gleichformatige
Fenster.

P8   104   3
Verbundfenster mit integriertem Gitter

Haus Walch

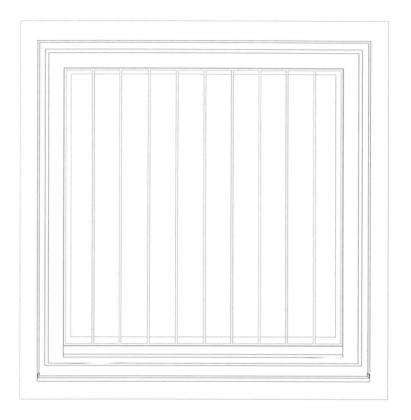
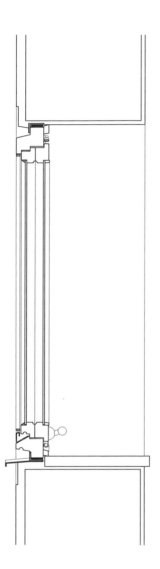

105   4
Ansicht und Vertikalschnitt M 1:10

Die Fenster sind an Stahlwinkelrahmen befestigt, die mit Laschen in der Maueröffnung verankert und eingeputzt wurden. Die Fenster konnten somit erst nach Abschluss der Verputzarbeiten montiert werden. Durch diese Bauweise ist ein Austausch der Verbundfenster durch leistungsfähigere Fenster einfach möglich, sogar ohne den Putz zu beschädigen. Es wäre jedoch aufwendig, heutige Normprofile so abzuändern, dass sie den originalen Fenstern ähneln. Bei einem Fenstertausch müsste aus energetischen Gründen konsequenterweise auch der Stahlrahmen entfernt werden. Ein Entfernen des Stahlrahmens würde allerdings massive Putzschäden nach sich ziehen. Man entschied sich daher für ein Sanierungskonzept, das möglichst wenig in die Originalsubstanz eingreift, auch weil die Fenster ein wichtiges gestalterisches Element des Hauses sind.

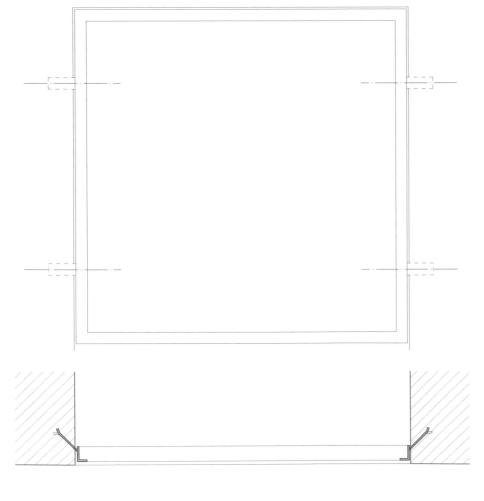

5
Stahlrahmen zur Befestigung
der Fenster ohne Maßstab

6
Die Fenster können aufgrund des
Rahmens ausgebaut werden, ohne
den Putz zu beschädigen.

Haus Walch

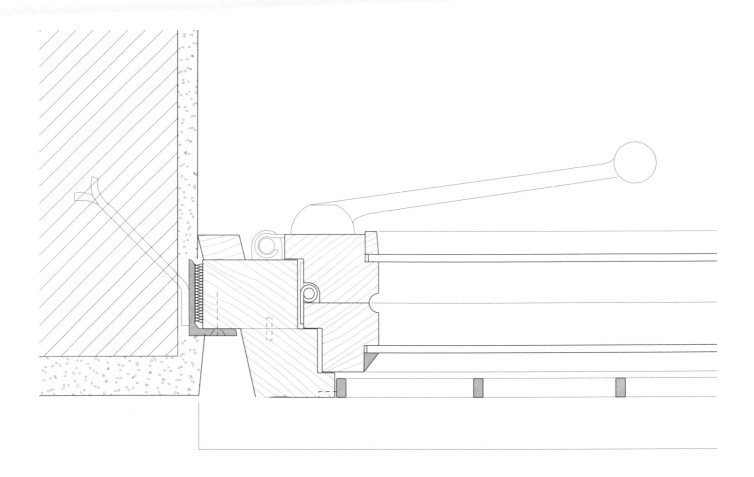

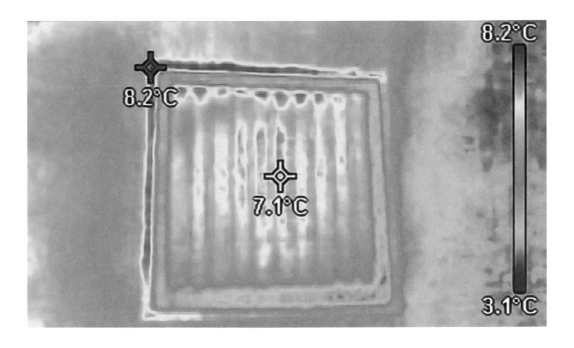

7
Horizontalschnitt M 1:2

8
Eine Wärmebildaufnahme der Fassade von außen zeigt deutlich die energetischen Schwachstellen der Fensterkonstruktion: Über die Glasflächen und den umlaufenden Stahlwinkel geht die meiste Wärme verloren.

Um die Schwachstellen der Fensterkonstruktion zu beheben, werden drei Maßnahmen vorgeschlagen:

1. Damit der Wärmeverlust über die Glasscheiben reduziert wird, wird die zweite innenseitige Scheibe durch eine leistungsfähigere Verglasung ersetzt. Dafür wurden zwei unterschiedliche Glasarten im Zusammenhang mit der Konstruktion untersucht:

   a. Die erste Glasart ist eine 14 mm dicke Zweifachisolierverglasung, die den Wärmedurchgang mit einem U_g-Wert von 2,0 W/(m²K) entscheidend verbessert; im Verbund mit der zweiten Scheibe können damit die Mindestanforderungen an Fenster bei einer Sanierung erfüllt werden. Die Materialkosten für Isolierglas sind verhältnismäßig preiswert und die Umbaumaßnahme ist relativ einfach. Da die Wände zunächst ungedämmt bleiben, bietet die Variante eine bessere Überprüfbarkeit im Falle von Kondensatbildung. Das Fenster bliebe hinsichtlich der Wärmedämmung schwächer als die Wand und anfallendes Kondensat wäre zuerst an den Scheiben sichtbar. Der Nutzer kann somit einfach nachvollziehen, wann gelüftet werden sollte. Problematisch zeigt sich jedoch der etwa 1 cm breite Randverbund. Der Falz des Profils lässt sich zwar tiefer fräsen, jedoch nicht ausreichend breit, da die eingestemmten Beschläge in diesem Bereich sitzen. Die Glasleiste müsste daher innenseitig entsprechend größer dimensioniert werden. Von außen gesehen bliebe der Randverbund zum Teil sichtbar. Da der Glasrand verschmolzen ist, entstünde an der sichtbar bleibenden Stelle eine Wärmebrücke.

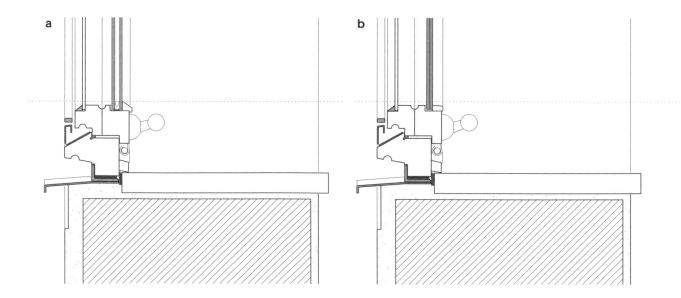

a   b

Vertikalschnitt der beiden Planungsvarianten M 1:10

Haus Walch

b. Die zweite Glasart ist eine 8 mm dicke Vakuumverglasung mit einem U_g-Wert von 0,7 W/(m²K); die Verglasung des Fensters wird damit so gut wie mit einer dreifach isolierverglasten Scheibe und der Wärmeverlust nach außen ist geringer. Allerdings blieben die Glasoberflächen wärmer als die Wand und es bestünde eine größere Gefahr von Schimmelbildung. Kondensat würde sich zuerst an den Wänden niederschlagen, was als Lüftungskontrolle schlecht wahrnehmbar ist. Die Vakuumverglasung hat keinen Randverbund, jedoch in regelmäßigen Abständen schwarze Punkte. Diese sind allerdings augenscheinlich beim Durchschauen kaum wahrzunehmen. Die Kosten für Vakuumverglasungen sind aktuell wesentlich höher als für Isolierverglasungen.

Da die Besitzer das Haus selbst nutzen und ihr Lüftungsverhalten gut kontrollieren, entschieden sie sich für das hinsichtlich des Wärmeschutzes leistungsfähigere Vakuumglas.

2. Zur Verringerung der Wärmeübertragung nach außen über den Stahlwinkel werden die Laibungen innenseitig gedämmt. Die Dämmung besteht aus einem mineralischen Dämmstoff und kann je nach Position des Beschlags bis zu 4 cm dick ausgeführt werden.

3. Um die Dichtigkeit zu verbessern, werden in diagonal in den Falz eingefräste Nuten Dichtungen eingebracht.

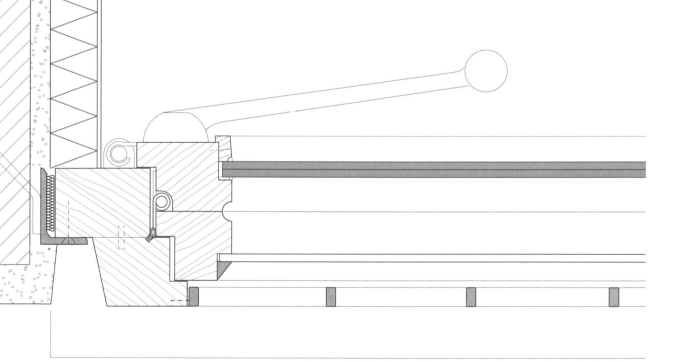

10
Horizontalschnitt mit der Darstellung der Maßnahmen zur Verbesserung des Wärmeschutzes am Fenster M 1:2

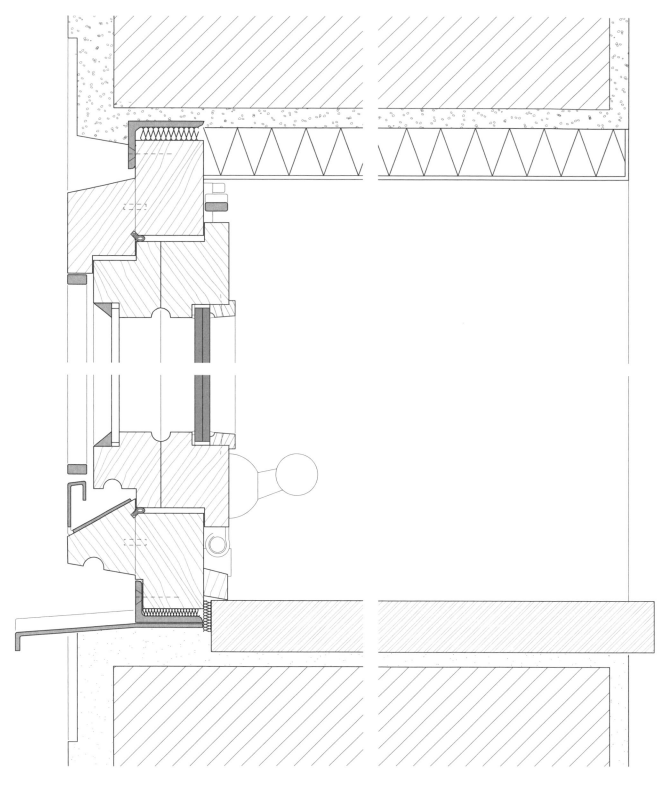

P8   110   11

Die Laibungsdämmung lässt sich im unteren Bereich der Fensterbank nicht anbringen. Um dennoch einen Effekt zu erzielen, wird der Spalt zwischen Fensterbank und Stahlwinkel mit einem komprimierten Band gedämmt.

Haus Walch   Vertikalschnitt M 1:2

111

12 + 13
Für die Vakuumverglasung muss der Falz etwas tiefer gefräst werden.
Zum Befestigen der neuen Schelbe wird lediglich die Glasleiste neu
angefertigt und lackiert.

Wollte man das Haus Walch hinsichtlich des Wärmeschutzes nach den gängigen Empfehlungen optimal verbessern, müsste die gesamte Fassade gedämmt werden und die Fenster wären zu ersetzen. Insbesondere die Einbausituation mit der Schwachstelle am Stahlrahmen wäre zu beheben. Mit dieser Maßnahme würden alle Fensteröffnungen in den Rohbauzustand versetzt werden, sämtliche Anschlussstellen wären neu zu planen und das Haus bekäme eine zweite Hülle, die wieder vollständig neu verkleidet werden müsste, beispielsweise mit Putz. Die Bauarbeiten wären (zeit-)aufwendig, teuer und materialintensiv. Das Ergebnis müsste entweder sehr präzise geplant werden, um dem einstigen Ausdruck des Hauses möglichst nahezukommen oder es bestünde die Gefahr, dass das originale Erscheinungsbild des Hauses unwiederbringlich verloren geht. Gleichzeitig würden alle intakten Bestandsfenster entsorgt. Besitzer und Architektin stellten sich dieses Szenario vor und entschieden deshalb, es sei mindestens genauso vernünftig, dieses Vorgehen zu hinterfragen, das Bestehende zu erhalten und energetisch sinnvoll zu ertüchtigen. Unterstützt durch die bauphysikalische Beratung konnte eine effiziente Vorgehensweise entwickelt werden, die Wärmeschutz und Architektur gleichermaßen beachtet.

Das Bestreben, Bestandsgebäude so zu verbessern, dass sie möglichst wenig Energie verbrauchen, ist gerade vor dem Hintergrund der Energieknappheit sinnvoll und wichtig. Entscheidend bei der Planung einer solchen Maßnahme ist ein reflektiertes Vorgehen, und dabei sollte auch die Gestaltung eine tragende Rolle spielen. Energetische Sanierungen führten in der Vergangenheit in vielen Fällen zu unnötig massiven Eingriffen in die Bausubstanz und in die Architektur. Um Energie zu sparen, wurde wertvolle Substanz entsorgt und durch Neues ersetzt, dessen Herstellung wiederum viel Energie verbraucht hat.

113   14
Balkon, Südfassade

Zeichnungen und Aufmaß: Johannes Büge und André Tenkamp im Rahmen des Seminars *Fenster gestalten* am Lehrstuhl für Entwerfen und Konstruieren der Technischen Universität München von Florian Nagler, betreut von Judith Resch
Entwicklung Ersatzfensterkonstruktion: Johannes Büge, André Tenkamp und Judith Resch in Zusammenarbeit mit der Schreinerei Bach OHG, Burgberg-Häuser

P9   Wohnhochhaus in München

Verbundfenster denkmalgerecht ersetzt

115   1
**Das Wohnhochhaus an der Theresienstraße im Münchner Stadtbezirk
Maxvorstadt zu seiner Entstehungszeit**

Das von Sep Ruf geplante Wohnhochhaus an der Theresienstraße im Münchner Stadtbezirk Maxvorstadt setzte sich in vielerlei Hinsicht von dem seinerzeit üblichen Erscheinungsbild im sozialen Wohnungsbau ab. 1950–51 erbaut, war es mit acht Geschossen
und 23 m Höhe das erste Wohnhochhaus Münchens. In dem nur 10 m tiefen Baukörper
befinden sich 42 als Dreispänner organisierte und durchweg nach Süden orientierte, licht-
durchflutete Wohnungen mit einer Größe von 51 bis 68 m². Im Erdgeschoss sind Läden
untergebracht. Vor der großflächig verglasten Südfassade läuft eine filigran gegliederte
Balkonzeile, die die elegante Erscheinung des Gebäudes maßgeblich prägt. Es war eines
der ersten Wohnhäuser nach dem Zweiten Weltkrieg in Deutschland, das über die neue
Form des selbstgenutzten Eigentums finanziert wurde. Sep Ruf war es ein besonderes
Anliegen, auch im sozialen Wohnungsbau menschenwürdige Räume von hoher architek-
tonischer Qualität zu schaffen. [10]

Die Grundrissstruktur der Wohngeschosse zieht sich durch alle Ebenen. Durch die Schottenbauweise können große, raumhohe Öffnungen an den Fassaden umgesetzt werden. Charakteristisch für die Erscheinung des Gebäudes sind die schlanken Stützen, die schmalen Profile und die feinen Dachkanten. Um diese Besonderheit des Bauwerks zu bewahren, wurde es 1988 unter Denkmalschutz gestellt. 2006 mussten aufgrund der Betonschäden die Balkone umfangreich saniert werden. Aus statischen Gründen wurde der Bodenaufbau erhöht und die Brüstungen mussten auf die aktuell notwendige Höhe gebracht werden. Durch die umsichtige Planung wurde jedoch die charakteristische, filigran anmutende Fassade des Gebäudes bewahrt. [9]

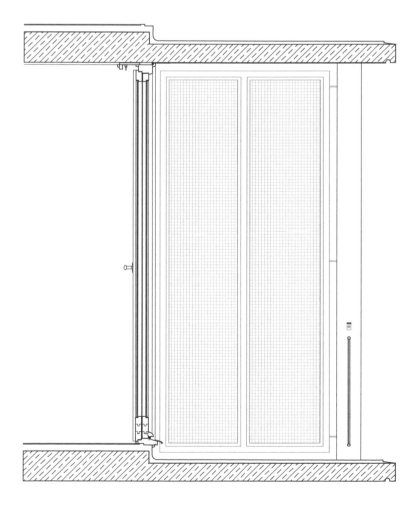

117   4
Vertikalschnitt durch die Verbundfenstertüren zum Balkon M 1:25

Die großzügig aufgeglaste Fensterfront führte zu Beginn der 1950er Jahre zu Diskussionen. Die Bewohnerschaft des Hauses schrieb dem Architekten: „Sehr geehrter Herr Professor Ruf! Wir haben dieser Tage mit Erstaunen gehört, dass bestimmte Baubehörden in München sich gegen die von Ihnen vorgeschlagenen Groß-Fenster ausgesprochen haben. Wir wohnen jetzt seit April 1951 in dem Hochhaus in der Theresienstraße und finden es ausgezeichnet so große Fenster zu haben, die es gestatten Licht und Luft in so großem Umfang in die Wohnung dringen zu lassen." [10] Die damals von den Bewohnern so geschätzten Fenster waren als Holz-Verbundfenster ausgeführt. Diese für die Bauzeit typische Konstruktionsweise war eine Vorstufe der isolierverglasten Einfachfenster, die in den 1970er Jahren Standard wurden.

Innenansicht der originalen raumhohen Verbundfenster in der Südfassade

Wohnhochhaus in München

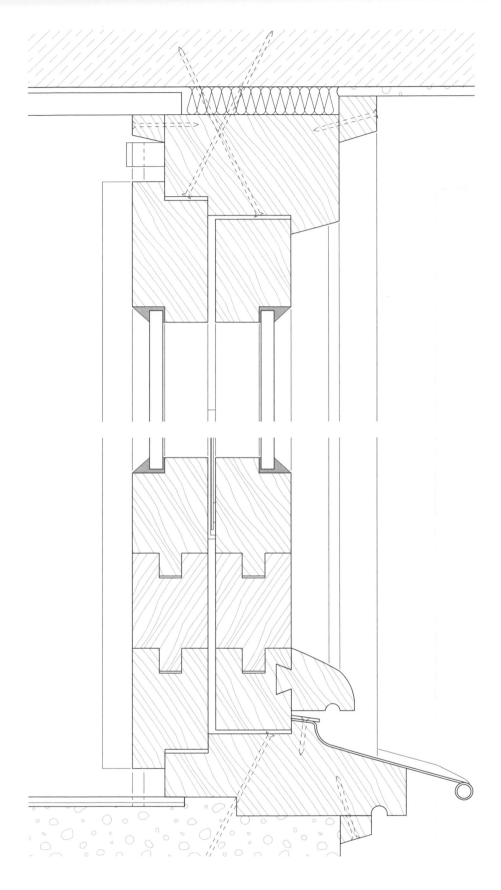

6

Verbundfenstertüren zum Balkon, Vertikalschnitt M 1:2

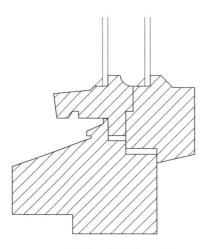 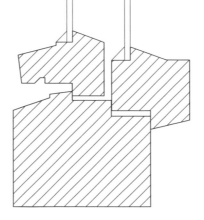 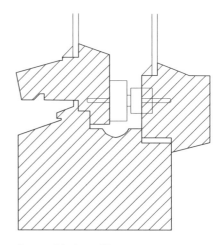

Rekord-Verbundfenster   Wagner-Verbundfenster   Braun-Verbundfenster

Nach dem Krieg waren drei Verbundfenstertypen marktführend. Im Zusammenhang mit den Entwicklern bzw. Beschlägeherstellern heißen diese Rekord-Verbundfenster, Wagner-Verbundfenster und Braun-Verbundfenster (siehe Abb. 7). Sie unterscheiden sich in der Art und Weise der Fügung der beiden aufeinanderliegenden Fensterflügel, funktionieren prinzipiell aber gleich. Beim Wohnhochhaus an der Theresienstraße wurden die Fenster des Typs Wagner verbaut. [11]

Inzwischen sind in dem Wohnhochhaus an der straßenseitigen Südfassade nahezu alle Originalfenster durch moderne Isolierglasfenster ersetzt worden. Über die Jahre geschah dieser Austausch ohne konkrete Vorgaben an die Qualität und Profilierung der neuen Fenster, auch weil das Haus erst 1988 unter Denkmalschutz gestellt wurde. Anstelle der originalen Verbundfenster finden sich heute unterschiedlich profilierte Fenster aus Holz und Kunststoff. Die Fassade hat dadurch deutlich sichtbar an Filigranität und Einheitlichkeit verloren.

       7
Schematische Darstellung der gängigen Verbundfenstertypen

121   8

Ansicht der Südfassade, nachdem die Verbundfenster durch Isolierverglasungen
mit unterschiedlichen Rahmenarten ersetzt wurden

Dieser Umstand hat zu einer studentischen Beschäftigung und Analyse der Fassade im Rahmen des Seminars *Fenster gestalten* am Lehrstuhl von Florian Nagler geführt. Johannes Büge und André Tenkamp entwickelten eine Musterplanung für künftige Fassadenertüchtigungen. Je nach bestehender Situation schlagen sie zwei unterschiedliche Vorgehensweisen vor: Bestehende Originalfenster können durch den Einbau von leistungsfähigeren Gläsern in der zweiten Ebene sowie durch zusätzliche Dichtungen hinsichtlich des Wärmeschutzes verbessert werden, ohne das ursprüngliche äußere Erscheinungsbild zu ändern. Dies entspricht der Handhabung beim Haus Walch (S. 100), weshalb die Detaillösung hier nicht als Zeichnung dargestellt wird. Für die beim Münchner Wohnhochhaus bereits ersetzten Fenster auf der Südseite gibt es einen neuen Konstruktionsvorschlag, der im Falle eines Fenstertauschs angewendet werden soll. Zusammen mit der Schreinerei Bach wurde ein Fensterelement mit Zweifachisolierverglasung entwickelt, das sich gestalterisch eng an den originalen Fenstern orientiert. Die Abbildung 9 zeigt die Gegenüberstellung der historischen und der neuen Fenster.

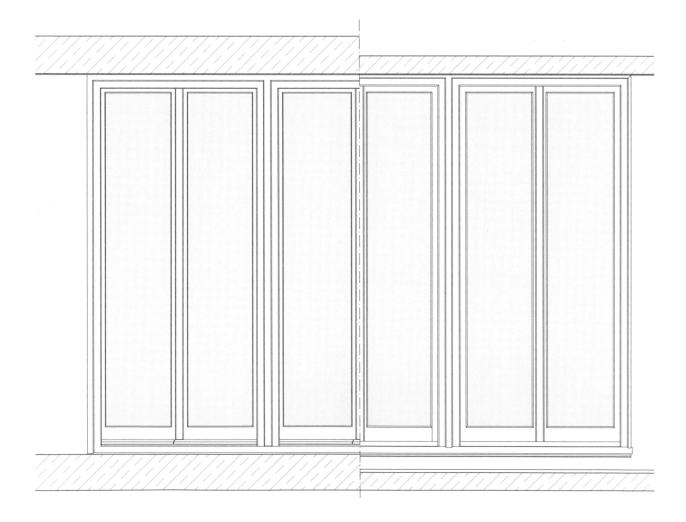

Ansicht der raumhohen Fensterfassade an der Südseite M 1:25
R: bauzeitliche Situation
L: neuer Konstruktionsvorschlag mit saniertem Balkon

Wohnhochhaus in München

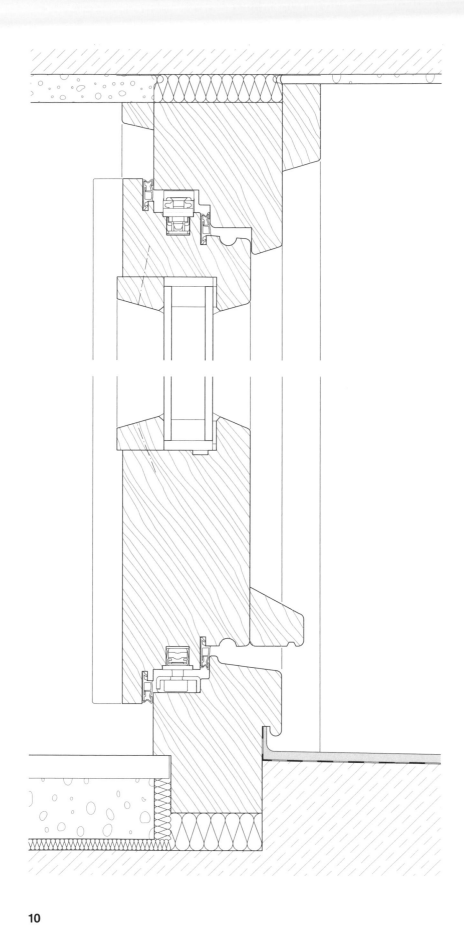

10
Konstruktionsvorschlag neues Fenster, Vertikalschnitt M 1:2

Selbst bei individueller handwerklicher Fertigung wird heute mit standardisierten Profil-
geometrien gearbeitet. Dafür maßgeblich sind Werkzeugsätze und genormte Beschläge,
ein Umstand, der ja bereits Einfluss auf die Gestaltung der Verbundfenster hatte. Die hier
dargestellte Konstruktion ist aus gängigen Profilformaten zusammengesetzt: Die Fensterrahmen sind 70 mm breit und 68 mm dick und damit sogar geringer dimensioniert als die
beiden aufeinandergesetzten Rahmen der Verbundfenster zusammen. Der untere Fries
des Fensterrahmens ist gemäß dem Vorbild breiter ausgeführt. Der Wetterschenkel ist
durch die Balkone gut vor Witterung geschützt und kann deshalb einfach stumpf aufge-
leimt werden. Wesentliche Unterschiede der ursprünglichen und der neuen Konstruktion
ergeben sich in den Ansichtsbreiten des feststehenden Blendrahmens. Die neue Rahmung ist fast 20 mm breiter. Um dem Charakter der ursprünglichen Fassadengliederung
nahezukommen, wurden umlaufende Profilleisten auf den Blendrahmen aufgesetzt, sodass die schmalen Ansichtsbreiten wieder aufgegriffen sind. Die Fenster wirken dadurch
weiterhin fein gegliedert. Die Glasflächen bleiben bei der neuen Konstruktion nahezu
gleich groß wie beim Original. Nur ist die Isolierverglasung nicht eingekittet wie beim
Verbundfenster, sondern wird mit Glasleisten gehalten. Diese schmalen Leisten sind mit
Überstand geplant, um auch innenseitig die Profilierung zu differenzieren. Die Glasfläche
erhält dadurch eine weitere feine Rahmung.

Der Verkehrslärm der stark befahrenen Straße vor der Hauptfassade des Wohnhauses
hat über die Jahrzehnte stetig zugenommen. Dieser Umstand könnte ein zusätzliches Kri-
terium für die Gestaltung der neuen Fensterkonstruktion sein. Mit der dargestellten Konstruktion wäre eine Verbesserung des Schalldämmmaßes einfach umsetzbar: Die Schall-
schutzisolierverglasung besteht aus einer zusätzlichen Glasscheibe und die Flügelrahmen-
profile sind umlaufend 8 mm breiter. Damit kann ein Schalldämmmaß von zirka 39 dB
erreicht werden. Vergleicht man die gezeichneten Ansichten der Fassade in den unterschiedlichen Detailvarianten, ist selbst die breitere Profilbreite absolut vertretbar.

Die hier dargestellten Details zeigen Vorschläge und Überlegungen, die für eine verbind-
liche Musterlösung hinsichtlich des bauphysikalischen Optimums überprüft werden
müssten. Das Ziel sollte in jedem Fall ein einheitliches Fensterprofil für die gesamte Fassade sein.

Wohnhochhaus in München

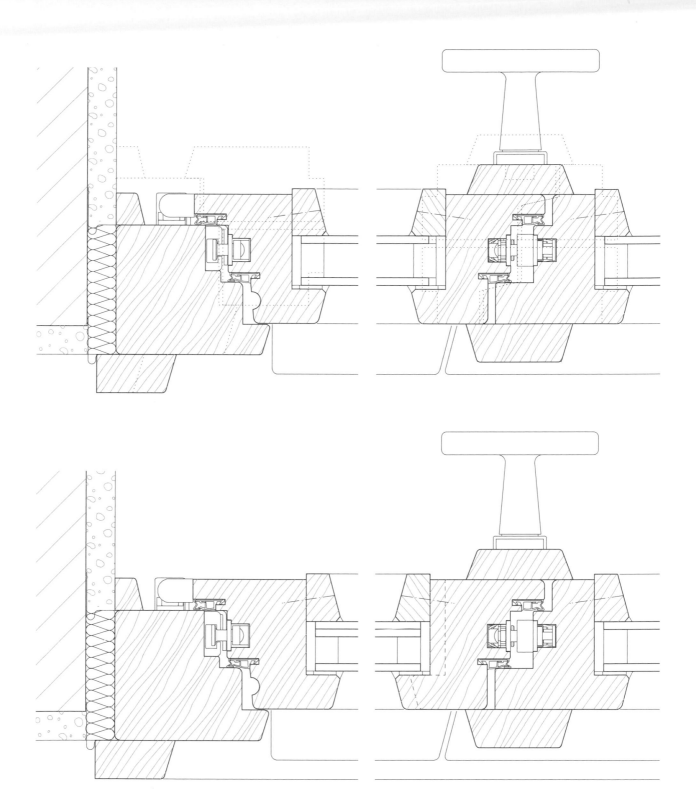

11
Konstruktionsvorschlag für ein Ersatzfenster mit schematischer Umrissdarstellung
des Originalprofils, Horizontalschnitt M 1:2
Konstruktionsvorschlag für ein Ersatzfenster mit erhöhter Schalldämmung,
Horizontalschnitt M 1:2

Planung: Wolfgang Zeh
Fensterbau: Wolfgang Zeh
Fertigstellung: 2018

Vorhangfassade im Selbstbau

127   1

Das Haus des Architekten Wolfgang Zeh füllt eine äußerst schmale Baulücke in Köln-Ehrenfeld. Für die großflächig verglaste Fassade verwendete er gängige Komponenten für Pfosten-Riegel-Fassaden.

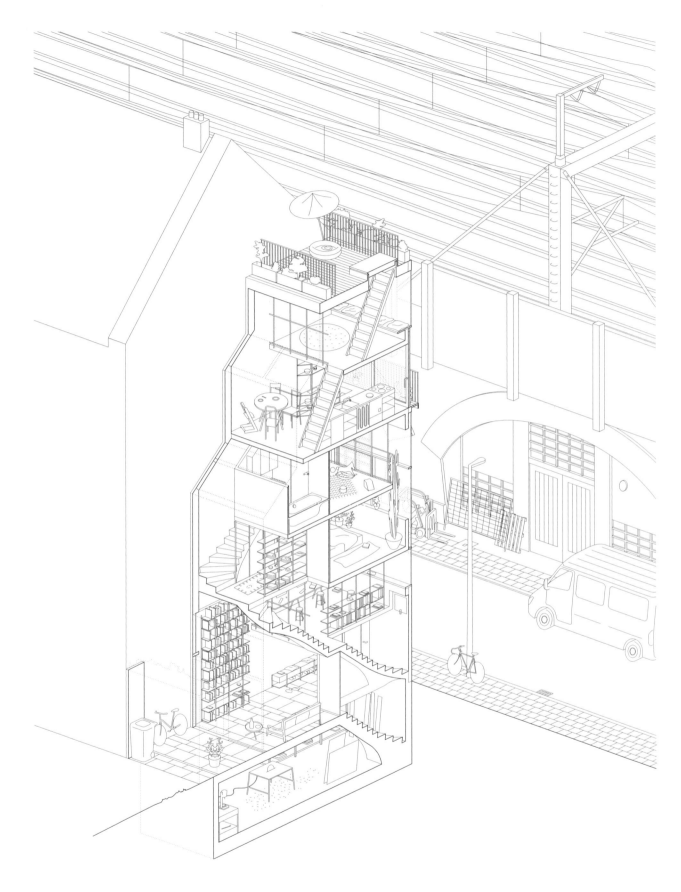

2
Eine axonometrische Schnittdarstellung des Architekten Wolfgang Zeh
illustriert die Raumabfolge.

Baulücke Köln

Das Haus von Wolfgang Zeh in Köln-Ehrenfeld ist eine Sensation. Der Architekt und Schreiner plante es für seine dreiköpfige Familie in eine nur drei Meter breite Baulücke. Das allein ist schon aufsehenerregend. Und die Art und Weise, wie er es tat, noch viel mehr. Das Grundstück ist mit 35 m² so groß wie eine Einzimmerwohnung. Wegen der Abstandsregelung musste das Gebäude auf der Rückseite gestaffelt werden. Über acht Stockwerke erstreckt sich eine Raumabfolge, deren Entdeckung Spaß macht: Sechs geschickt geformte Treppen führen vom Entree und Besprechungsbereich in das Architekturbüro, dann weiter in den Vorraum des Schlafzimmers, über einen kleinen Absatz an einem weiteren Schlafraum vorbei in die Wohnküche, schließlich in ein Wohnzimmer und zuletzt auf die Dachterrasse. Über die siebte Treppe geht es vom Entree in die Werkstatt, dem größten Raum im Haus, was nicht verwundert bei der Arbeitsweise des umtriebigen Architekten. Er hat das Haus in weiten Teilen selbst gebaut. Die Fenster waren dabei eine besondere Kür. Durch die großflächig verglaste Fassade kann man von den Wohnräumen die gegenüberliegende Bahntrasse überblicken. Erklimmt man die Dachterrasse, sieht man den Kölner Dom. Dass Wolfgang Zeh die Fassade selbst konzipiert und gebaut hat, hatte im Wesentlichen gestalterische Gründe: Die vorgelegten Angebote verschiedener Fassadenhersteller basierten auf einer veränderten Fassadengliederung. Da ihm diese Vorschläge nicht gefielen und die Erstellungskosten zudem sehr hoch gewesen wären, entschied sich der Architekt und Schreiner, von der Planung bis zur Umsetzung alles aus einer Hand und damit selbst zu machen.

In einem Interview beschrieb Wolfgang Zeh sein Vorgehen:

„Die gesamte Inneneinrichtung und alle Oberflächen sind von mir. Ich habe die westliche Brandwand neu verfugt und abgewaschen, die gegenüberliegende Wand geschlämmt. Für die Pfosten-Riegelfassade ließ ich mir vom Sägewerk 2 m³ Douglasie sägerau liefern. Ich habe den Rohbau zwischen den Brandwänden mit Planen abgehängt und in dieser provisorischen Werkstatt dann das Holz zugeschnitten und hergerichtet. So habe ich mich von unten nach oben hochgearbeitet. Als das Fassadengerüst stand, kam der Glaser zum Aufmaß, später setzte er die Scheiben ein. In dem Betrieb, in dem ich meine Ausbildung gemacht habe, konnte ich die Schiebetüren fertigen. Auch das Bad, eine Raumkiste aus Douglasie, ist selbst gebaut und die inneren Oberflächen sind mit Kautschuk verkleidet. Durch die vielen Eigenleistungen waren die Baukosten wirklich niedrig, neben der Baufirma waren noch ein Elektriker, ein Installateur und ein Dachdecker für die Zinkblecharbeiten beauftragt." [12]

Die provisorische Werkstatt im Rohbau des Hauses

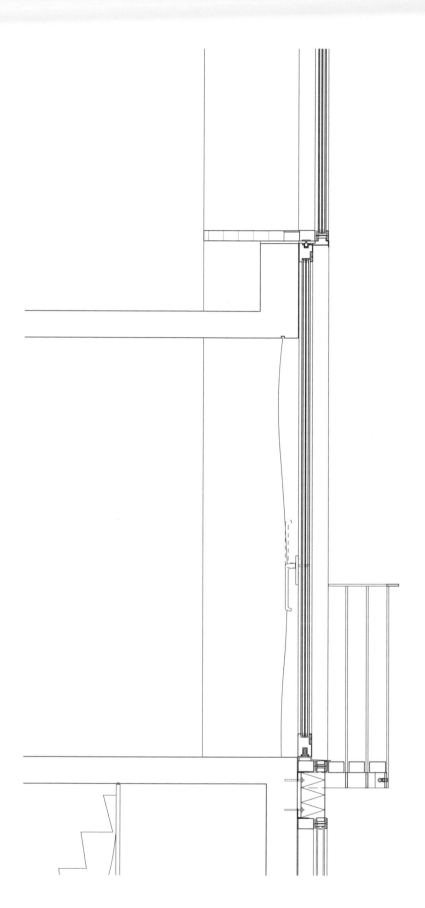

131   4
**Die Fensterelemente sind mit einer Pfosten-Riegel-Konstruktion
vor die Betonkonstruktion gehängt.
Vertikalschnitt M 1:20**

P10   132   5
Blick über die Bahntrasse aus dem vierten Stock

Baulücke Köln

Aufbau der Fassade

Die Pfosten und Riegel der Fassade sind aus einfachen Kanthölzern aus Douglasie gefertigt. Da diese Kanthölzer keine Profilierung haben, konnte sie Wolfgang Zeh einfach vor Ort in seiner provisorischen Werkstatt herrichten. Pfosten und Riegel verband er mit Holzdübeln und befestigte diese Konstruktion mit Winkeln an dem Betonskelett des Gebäudes. Auf die so vorgehängten Holzrahmen verschraubte der Architekt vorgefertigte Dichtungsprofile. Diese Profile dienen zur Aufnahme der Verglasung, die mit Druckleisten auf die Dichtprofile gepresst wird. Die Verschraubung der Druckleisten mit der Pfosten-Riegel-Konstruktion hält die Gläser und drückt sie dicht auf die Profile. Die standardisierten Leisten wurden mit einem vorbewitterten Profil aus Zink abgedeckt. Aus diesem Material sind sämtliche Abdeckungen der Fassade. Die bestehenden Dämmungen, die vor den Geschossdecken angebracht sind, wurden ebenfalls damit verkleidet. Mit Distanzklötzen aus wasserfestem Holz wurden die Blechabdeckungen in die Druckleisten eingespannt. Das Material spielt mit der Anmutung einer Garagenfassade, die im Erdgeschoss angedeutet und mit der Glasfassade fortgesetzt wird.

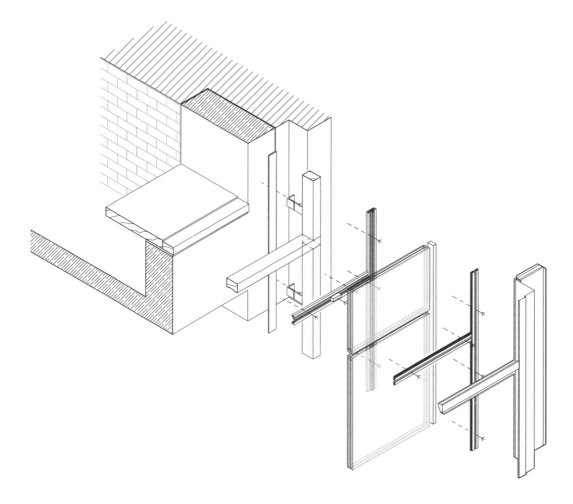

133   6
Isometrische Darstellung des Aufbaus der Pfosten-Riegel-Konstruktion

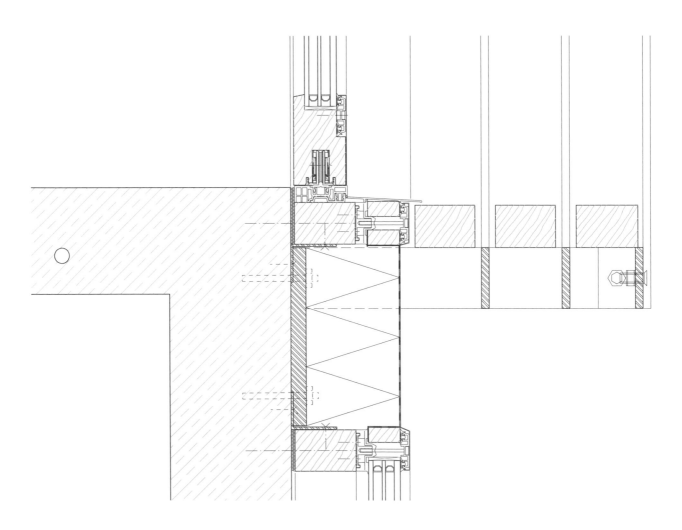

7
Die Baustellenbilder zeigen die
auf den Holzriegeln und -pfosten
befestigten Dichtungsprofile.

8
Vertikalschnitt durch die Fest-
verglasung mit blechbedecktem
Dämmpanel und Schiebetür M 1:5

Durch die konsequente Verwendung des Befestigungssystems der Pfosten-Riegel-Konstruktion konnte der Architekt die Fassade vollständig im Selbstbau umsetzen. Die Profilierungen konnten durch das geschickte Integrieren der vorgefertigten Komponenten nämlich verhältnismäßig einfach gestaltet werden. Ein Beispiel sind die Rahmen der Schiebetüren, an denen die Gläser mit den Druckleisten befestigt wurden. Anstelle von Glasleisten, jedoch außenseitig bündig, befinden sich hier die Druckleisten im Rahmenprofil. Die Laufschienenkomponenten sind einfach auf die Riegel aufgesetzt und in die Rahmen eingelassen.

Diese Konstruktion hat Wolfgang Zeh sich selbst überlegt. Da er als Schreiner schwerpunktmäßig im Möbelbau tätig war, konnte er nicht auf ein umfangreiches Wissen im Fensterbau zurückgreifen. Die vorgefertigten Komponenten für seine Konstruktion bestellte er in einem Internetshop, bei dem er auch viele Ratschläge für die Verarbeitung erhielt. Dieses Vorgehen wirkt simpel, als könnte jeder ambitionierte Heimwerker es gleich tun. Tatsächlich sind gerade diese einfachen Details eine bemerkenswerte Leistung: Wolfgang Zeh hat sie nämlich für sein Haus so entwickelt, dass sie mit einfachen Methoden umsetzbar waren und gestalterisch seinen Vorstellungen entsprachen. Nur durch seine außergewöhnliche planerische und handwerkliche Ausdauer und mit viel Erfindergeist konnte er seine Fassade mit einem begrenzten Budget umsetzen.

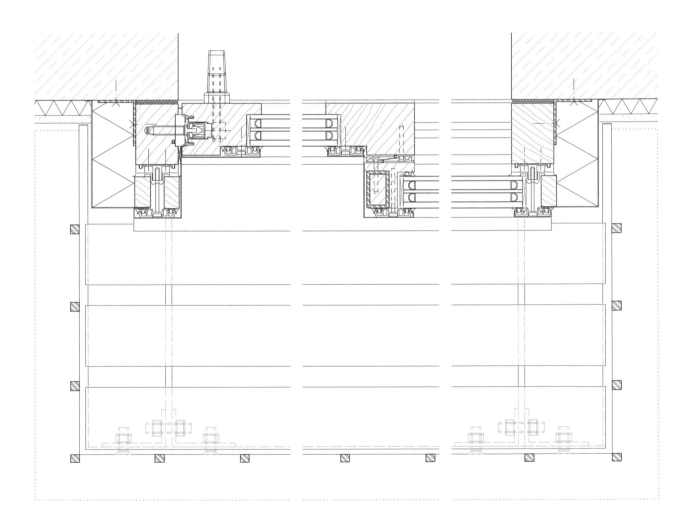

9

Horizontalschnitt durch die Schiebetür und Festverglasung M 1:5

„Das Planen auf der Baustelle, mit der Säge in der Hand, ruft oft unkonventionelle Lösungen hervor. Die Fassade habe ich erst entworfen, als der Rohbau schon stand." [12]

Im Schlafzimmer ist vor der vollverglasten Fassade eine innen liegende Brüstung aus Beton angebracht.

Baulücke Köln

137 11
Vom obersten Geschoss aus hat man einen weiten Blick über die
Bahntrasse auf die Kulisse der Stadt.

Danke

…an Florian Nagler, meine Kollegen und Kolleginnen des Lehrstuhls für Entwerfen und Konstruieren, die Seminarteilnehmenden, die beteiligten Handwerksbetriebe und Planungsbüros, die Bauherren und alle Unterstützer.

…an den Bundesverbandes ProHolzfenster e. V. und den BDA Bayern für die großzügige finanzielle Förderung dieser Publikation.

Grundlagen

Das Seminar *Fenster gestalten* fand in den Sommersemestern 2020 und 2021 statt. Im Seminar wurden gestalterisch interessante und gut funktionierende Fensterbeispiele vorgestellt und diskutiert. Die Studierenden erarbeiteten in Kleingruppen ausführliche zeichnerische Analysen von individuell geplanten, teils selbst gebauten Fenstern. Zehn dieser engagierten Beiträge bildeten die Grundlage für meine Arbeit an diesem Buch. Alle von den Studierenden erstellten Zeichnungen wurden nach Rücksprache mit den Planenden und Ausführenden von mir für das Buch überarbeitet.

Teilnehmende des Seminars *Fenster gestalten* der hier dargestellten Projekte:

P1 Drei Forschungshäuser
Nico Lewin, Vincent Schmitt, Laura Traub

P2 Haus Schiela
Nina Hofmann, Cathrin Schapfl

P3 Haus Jüttner
Johannes Daiberl, Konstantin Flöhl

P4 Holzmüllerhof
Laura Höpfner, Maximilian Jost

P5 Krützstock
Emily Beck, Luise Banz

P6 Pfarrhaus St. Margareta
Taekho Lee, Shilan Yu

P7 Hof in Weilheim
Anna Jundt, Johannes Poellner

P8 Haus Walch
Ferdinand Brunold, Florian Nagl

P9 Wohnhochhaus in München
Johannes Büge, André Tenkamp

P10 Baulücke Köln
Philippe Bareiss, Lajz Capaliku, Johannes Ewerbeck

Literatur

[1]   Nagler, Florian (Hg.). Einfach Bauen. Ein Leitfaden. Basel, Birkhäuser, 2022, S. 26–28

[2]   Nagler, Florian (Hg.). Einfach Bauen. Ein Leitfaden. Basel, Birkhäuser, 2022, S. 35

[3]   Nagler, Florian (Hg.). Einfach Bauen. Ein Leitfaden. Basel, Birkhäuser, 2022, S. 30

[4]   Hochberg, Anette, Hafke, Jan-Hendrik, Raab Joachim. Scale. Öffnen und Schliessen. Basel, Birkhäuser, 2010, S. 38

[5]   Nagler, Florian (Hg.). Einfach Bauen. Ein Leitfaden. Basel, Birkhäuser, 2022, S. 41

[6]   Geregelte Frische. Kleine Klappe – viel dahinter. Auf: https://www.regel-air.de/downloads/prospekte-flyer-und-broschueren/ (03.01.2023)

[7]   Bounin, Katrina u. a. Holztechnik Fachkunde, 25. Auflage. Haan-Gruiten, Europa Lehrmittel, 2019, S. 38

[8]   Pahl, Hans-Joachim, Weller, Claus. Fenster-, Türen- und Fassadentechnik für Metallbauer und Holztechniker, 6. Auflage. Haan-Gruiten, Europa Lehrmittel, 2018, S. 40

[9]   Siegele, Klaus. Fragiler Freisitz. Denkmalgerechte Balkonsanierung. Auf: https://www.db-bauzeitung.de/bauen-im-bestand/projekte/denkmalgerechte-balkonsanierung/ (03.01.2023)

[10]   https://seprufgesellschaft.org/2021/05/29/sep-ruf-haus-70/ (03.01.2023)

[11]   Klos, Hermann. Holzmanufaktur Rottweil. Das FENSTER im 20. Jahrhundert. Auf: https://holzmanufaktur-rottweil.de/fileadmin/user_upload/Publikationen/PDF/Verbundfenster_08-12-2015_low.pdf, S. 5 (03.01.2023)

[12]   Zettel, Barbara. Vom Planen mit der Säge in der Hand: Interview mit Wolfgang Zeh. Detail, 2020, S. 42–43

Bildnachweis

P1   Drei Forschungshäuser
1–3, 9: Tilmann Jarmer; 4, 6, 14: Sebastian Schels; 10, 12: Laura Traub

P2   Haus Schiela
1–4, 7+8, 10, 12, 15+16: Mathias Stelmach

P3   Haus Jüttner
1+2, 5, 7: Simon Jüttner

P4   Holzmüllerhof
1–4: Dimitrij Lakatos; 8+10: Klaus Griesser

P5   Krützstock
1–3, 5, 7: Adolf Bereuter

P6   Pfarrhaus St. Margareta
1, 4, 6, 8, 11, 12, 14: Taekho Lee, Shilan Yu; 2: Sebastian Schels

P7   Hof in Weilheim
1, 8, 10+11: Anna Jundt, Johannes Poellner; 2+3: Judith Resch;
5+6: Friedrich Mayet

P8   Haus Walch
1–3, 6, 12+13, 14: Judith Resch; 8: Richard Siepmann

P9   Wohnhochhaus in München
1+2, 5: Architekturmuseum der TUM; 3: BKS & Partner Bauer Reichert Seitz
Architekten mbB; 8: Johannes Büge, André Tenkamp

P10   Baulücke Köln
1–3, 5, 7, 10+11: Wolfgang Zeh

Übrige Zeichnungen: Judith Resch

Mit freundlicher Unterstützung von:

Konzept: Judith Resch

Lektorat: Simone Hübener

Projektkoordination: Alexander Felix, Regina Herr

Herstellung: Anja Haering

Layoutkonzept: Floyd Schulze

Satz, Covergestaltung: Miriam Bussmann

Lithografie: pixelstorm, Wien

Druck: Grafisches Centrum Cuno GmbH & Co. KG, Calbe

Papier: 120 g/m² Amber Graphic

Library of Congress Control Number: 2023933725

Bibliografische Information der Deutschen Nationalbibliothek

Die Deutsche Nationalbibliothek verzeichnet diese Publikation in der Deutschen National-
bibliografie; detaillierte bibliografische Daten sind im Internet über http://dnb.dnb.de
abrufbar.

Auf die Lesbarkeit unserer Texte legen wir großen Wert. Aus diesem Grund wird im
vorliegenden Buch in Fällen, wo es für die leichtere Lesbarkeit nötig ist, die männliche
Sprachform bei personenbezogenen Substantiven und Pronomen verwendet. Dies ist
im Sinne der sprachlichen Vereinfachung als geschlechtsneutral zu verstehen.

ISBN 978-3-0356-2575-2

e-ISBN (PDF) 978-3-0356-2578-3

© 2023 Birkhäuser Verlag GmbH, Basel

Postfach 44, 4009 Basel, Schweiz
Ein Unternehmen der Walter de Gruyter GmbH, Berlin/Boston

9 8 7 6 5 4 3 2 1   www.birkhauser.com